目錄

目錄

目錄

疫下，亦豐收

不經不覺，《疫戰商贏》已經第三集。

回想在 2019 年，源起於疫情下香港人經歷種種迷惘，我們希望貢獻一點力量，讓讀者與香港人相信困難下總有路走，成就了第一集的《疫戰商贏》。繼而疫情持續，封關、限聚令、停業令等成為香港人的集體夢魘，《疫戰商贏 2》在這個時代誕生，記錄了美業界一個又一個的奮鬥故事。

《疫戰商贏》第一集與第二集，近 100 位的企業家所分享的故事，是一種希望，也是一種疫症大時代的溫暖記錄。

感恩到了第三集，終於不用再問「疫情幾時完」？它也許不知何時會完，但我們已學習到如何與它共存。一如所有逆境，如果無法消滅它，便適應它，將之化作自己的力量，乘風飛翔。

《疫戰商贏 3》訪問了 35 位保險業界的精英。每一個訪問，既記錄疫下的堅持故事，也分享出實用銷售及團隊帶領小工具。相信不止保險業，每一位需要銷售、團隊帶領，甚至只想成長的人都會在當中獲得知識、工具與勇氣。

大抵不少香港人在疫情下也感受「分享共贏」的好處和威力。渴望這本書的分享，能讓您一起在疫情後共創想要的豐收。

陳糖

2023 年 6 月

抓住可貴的機遇

2020 年香港爆發疫情，作為保險業的一員，無法邀約客戶進行面談，無法親身邀約人才加盟，以往使用的方法已經不再奏效。在內心深處，一幕又一幕的小劇場不斷上演：

「該怎麼辦？我和我的團隊是否將在一段時間內面對零收入？」

「疫情一定有應對的方法，不要放棄。」

經過三年的疫情考驗，保險業中已有許多在疫情前已經入行的精英，也有許多在疫情期間加入行業的新夥伴，都可以取得了出色的成績。我們只是其中的 35 位。

我們希望透過這本書與大家分享，作為香港商界的一份子，作為保險業的一份子，疫情下我們如何咬緊牙關，如何動動腦筋發揮創意，如何與業內精英產生協助，如何在疫情下深化服務。

與其害怕疫情，不如抓住疫情帶來難能可貴的機遇。未來再次發生甚麼意料之外的事，非我們控制。如再有突如其來的局勢，我們希望大家能夠擁抱「贏」的心態，打贏這些疫戰。

Dennis So　蘇偉康

Inspiring Stories of Resilience and Success

Even the industry that thrives on risk management was unable to foresee the unprecedented challenges brought by the pandemic. But it's encouraging to see how the Hong Kong insurance sector has been able to embody the Lion Rock ethos of adaptability and tenacity to quickly find new methods to survive.

In this latest edition of "Epidemic Business Wins," the focus is on the insurance industry, specifically on the stories of 35 tenacious insurance agents who have achieved remarkable results despite facing seemingly insurmountable challenges. Through their personal accounts and experiences, readers will gain valuable insights and tips on how to succeed in sales and leadership, even in the toughest of times.

The book not only shares the stories of these inspiring individuals but also practical tips and techniques that readers can apply to their own lives and businesses. It is a testament to the resilience and determination of the human spirit and a reminder that with the right mindset and strategies, anyone can achieve success in even the most challenging of circumstances. Reading some of these stories made me nostalgic for my first job as a salesman.

I started my career as a Salesman. We are always positive and persistent. I always encourage people to think out of the box and always remember this "If someone can do it, why can't I?"

With its combination of real-life stories, practical advice, and motivational guidance, "Epidemic Business Wins 3" is a must-read for anyone looking to overcome adversity and achieve their goals. Whether you are an entrepreneur, business leader, or simply looking for inspiration and guidance in your personal life, this book is sure to provide valuable insights and a renewed sense of hope and optimism. Through these pages, you will travel with people, communities, and organisations as they overcome the pandemic's various challenges and grow more resilient than they did before.

May this book serve as a guiding light in difficult times and a reminder that we are all in this together and are able to thrive under all conditions.

Allan Zeman, GBM, GBS, JP 盛智文博士

保險人的秘密心得

在疫情肆虐的 3 年這段時間，我們都感受到生活的種種困難和挑戰。但在這樣的逆境中，我們也看到了許多人在努力奮鬥，並創造出不屈不撓的精神和非凡的成就。而這正是《疫戰商贏 3》想要向您傳達的信息。

本書收錄了 35 位保險人在疫情中的抗逆故事，這些人通過自己的努力和不斷的嘗試，克服種種困難，最終創造了不可思議的成績。除此之外，本書還分享了這些保險人的秘密銷售心得和團隊帶領心法，讓您可以更好地了解銷售和團隊管理的要點，並從中獲取啟示。

我深信，書中的故事和心得將對您有所啟發，讓您更加勇敢地面對逆境，擁有更堅韌的心態和更強大的能力。同時，我也希望透過本書的分享，支援更多的香港人，讓香港經濟再次起飛。

最後，我想感謝所有參與本書創作的人員，包括作者、編輯和出版人，他們的辛勞和付出，讓這本書得以面世。希望這本書能夠成為您在疫情中的一份力量和支持，讓我們一起迎接更美好的明天。

Banner Chris

e-banner 共同創辦人

《疫戰商贏 ~ 56 位創業家的逆境求生實錄》召集人

困境下的強心針

轉眼間疫情已踏入第四年，想當初相信沒有人會意識到這場疫症持續多年而且揮之不去，2021 年我們美業界面對前所未有的難關，我們業界被三度勒令停業合共 142 天，業界面對突如其來的變化只能逆來順受。我們國際美容健康總聯合會（IBH）在出版社及各方的支持下推出《疫戰商贏 2》，為 40 位業界持份者，用自身的故事為香港美業界打氣，鼓勵業界，共度時艱。

今次全球遇上史無前例的大時代巨變，令各行各業雪上加霜，相信對保險業也帶來重大的衝擊。欣聞《疫戰商贏 3》邀請到 35 位保險人分享他們每一位在疫情期間的故事，並大方分享秘密銷售心得及團隊帶領心法，並在疫情下發掘新方向，絕對十分值得各行各業的朋友學習。書中每一位保險人的故事都具備着堅毅不屈的精神，為保險業帶來滿滿的正能量，這正正是困境下的強心針。

我十分鼓勵大家由第一本《疫戰商贏》讀起，再閱讀《疫戰商贏 2》以及新一輯《疫戰商贏 3》，相信讀後你對自己的企業未來發展有一定的啟發，必定獲益良多。我希望分享一句名言鼓勵各位「成功不是因為 人走你也走，而是在人停下的時候，你仍然在走」。當大家在過去數年停下了腳步，今天你要為自己的成功繼續向前邁進，追趕失去幾年的時光。

共勉之。

國際美容健康總聯合會創會會長
《疫戰商贏 2 ～ 40 位美業家的逆境奮鬥故事》發起人
Dr. Carmen Pang 彭玉玲博士

"
每個人都可以
擁有幸福自在,
只要你願意踏出
第一步。
"

◆ 小檔案 ◆
工商管理碩士,並獲美
國職涯規劃教練資格;
連續10年GAMA管理卓
越獎,並獲2022保協傑
出財務策劃師殊榮。

促進成交的 4 個階段

銷售，特別是1對1的顧問服務有著可跟隨的銷售週期。妥善有意識地運用這銷售漏斗，便毋須再擔心找不到適合的對象與客戶，能得到最精準的客戶群。

1）取得聯繫

一開始值得找機會獲得更多不同人士的聯繫。大家可以透過商會、活動等，建立與更多不同人士的聯繫。最好是獲得對方的電話或卡片，或是讓對方認識自己。這個時候毋須太急於銷售，重點在於建立雙方的信任。

2）單對單見面

在芸芸眾多認識的人中，可以選擇一些人，讓自己與對方有單對單的見面機會，Warm market 則可以由此出發。此時同樣不需急於銷售，單對單見面關鍵在於建立溝通與信任，甚至可以了解對方有甚麼渴求、需要，盡可能提供能力範圍內的幫助，而且與自己工作無關，如朋友的交往。例如如何幫助對方的生意等。

3）產品 / 服務邀約

人與人之間的交流與信任，在於互相幫忙、互相信任。當關係建立起來便提及自己的產品，讓對方了解產品如何幫助到自己。例如若做保險生意，面對生意人，不妨問及對方的勞保狀況。或是對方是車主，可以邀請對方了解車保。並可逐步擴闊銷售更大金額的產品。

4）成交

邀約客戶不一定能成交，然而邀請（Open Case）數量夠多，同時與對方建立的信任基礎足夠，有足夠的成交量是必然的。同時當客人願意相信及明白你的服務，持續成為你的客戶，購買更多服務與產品亦是必然的事。

自在生意方程式
Dennis So 蘇偉康

擁有金融背景，曾經從事系統分析師的Dennis，習慣做事為主，也自覺比較內向。並非傳統上認為適合做銷售，特別是保險行業的料子。然而他卻證明了，懂得有效溝通，並運用成功的方程式，仍然能夠創造可能，為自己的生活打拼。疫情的考驗，讓他更能驗證出這些成功方法是經得起考驗。

信任必修課

從事保險業 15 年，Dennis 加入全因他的一位舊同學，看見這位同學在一年之間變得成熟得體、快樂正面，並且擁有自主的時間和更輕鬆舒適的收入，開始願意了解這份事業的可能。而擁有理性思維、系統架構的他，喜歡拆解成功的方程式，發現能將事業做得好，只需要做好兩個字：信任。

Dennis習慣協助他人成功，生意亦隨之而來。

「信任的建立，只要有人教，並且有一個同樣氛圍的圈子支持便能做到，一點也不難。只是學校從來沒有教。」Dennis 如是說。與其說信任，不如說是如何成為一個「人」。我們只需掌握到簡單的「做人」方程式，自然能做好銷售，做好業績。

而這個方程式，便是以幫助他人為先，做好「銷售漏斗」的管理。從認識到不同的朋友，取得聯繫，甚至單對單見面時，我們要做的不是急於銷售，讓對方明白產品。在建立足夠的信任以前，即使能讓客戶簽單，也未必穩妥，畢竟未有足夠的信任，客戶耳朵不會全然打開，了解你如何幫到他。

舉辦不同的活動，認識更多的人。

而信任的關鍵，則在一開始時你能否了解他的

信任是團隊的基石。

切身需要，是否想和他成為朋友。曾經參加 BNI 商會組織的他，學會了「Givers Gain 先付出，後回報」的道理。每當他認識一個朋友，得到他的聯絡方法。他會先找一些理念相近、頻率相同的朋友聯繫、建立關係。

疫情下 Dennis 舉辦線上講座，取得強大成效。

　　繼而他會問：「對方有甚麼需要？」「我如何能夠幫助他？」這個過程，很多時與自身的生意無關，卻因為希望成為朋友，也渴望建立信任，自然會想協助。對方想的是甚麼？也許是生意曝光的機會，亦也許是想要認識另一半的機會。那他手上有甚麼機會，會否有些人脈關係可以聯繫。有時帶上那個想認識另一半的朋友一起活動，或會召集志同道合的精英，分享每人的

先付出，回報自然來。

致勝之道，疫情下逆轉勝的故事，支持每一位香港人。一切如此純粹助人的心，每每協助他得到更信任，收穫更大。

Dennis 與團隊經常會舉辦不同形式的活動、聚會、講座，過程中並不會主動作出任何銷售，因為對方的需要不是聽他的銷售，如此偷取他人的時間，反而會得不償失。然而當他做好前置部份，信任建立了，他邀約便會變得容易。從對方必然的需要開始，例如車保、勞保、MPF 等等，直接邀請對方給予機會了解及報價，從而顯示專業，讓自己如何幫助對方獲得更好的方案。從朋友變成客戶，再變成更長久的客戶，不斷翻單及介紹朋友的客戶，是 Dennis 試驗十多年，恆之有效的方式。

擁有致勝程式
疫下同樣受用

2020 – 2022 年，香港人甚至世界經歷異常難忘的 3 年，經歷了漫長的世紀疫症，疫情讓社會市面停頓，特別是封關對保險行業打擊甚大，即使專注香港的團隊，亦因為難以見面維持關係，而讓理財顧問大受影響。然而這幾年，Dennis 的生意不跌反

疫情讓 Dennis 及太太 Grace 有更多機會試不同可能，例如設立社交頻道。

升，更在 2022 年獲得了保險生涯中最理想的業績。他認為只要有好的思維方向，加以行動，即使過程中試出未成功的方式，亦能締造更大的成功（業績）。

自主的工作，創造自在的人生。

疫情初期，一如所有的香港人，Dennis 與團隊對疫症的到來束手無策，同樣會受到影響。不同的是他們立即改變了策略，思考有何可能性。他們了解到銷售漏斗的策略，明白若想生意得以持續，取得聯繫 → 單獨見面 → 邀約 → 成交的方程式同樣不變。

需要改變的，只是方法。在取得聯繫方面，他們舉辦線上講座，也有更大的空間嘗試社交媒體的建立；而單獨了解的方式，只需要運用科技：Zoom、訊息，甚至電話都是方法。人與人之間的連結，在科技的協助下並沒有中斷。同樣當前兩個步驟做得好，邀約與成交是自然而然的事。而且更有效率。

疫情下，少了實體的活動，人與人之間的交往反而更有效率。本著想協助他人的心，Dennis 與團隊會舉辦升學講座，吸引超過一千人報名，比實體更有成效。而時間多了，讓他更有空間檢討每項細節流程，做得更精細、精準。

也許疫情讓人困惱，同時亦是機會讓我們學習。當明白成功的基本原理，亦有一班志同道合，同樣正面的團隊支持，即使逆境亦能善用，助我們再創高峰。

◆ 小檔案 ◆
入職兩年，連續兩年取
得MDRT資格（業界精
英指標），並榮獲LUA
2021傑出新星金獎、國
際銅龍獎2022、IQA國
際卓越品質獎等。

讓每一個努力的人，都有成功機會。

如何吸引貴人協助

每個人都想有貴人協助，讓自己緊握夢想。如何讓貴人支持，
Marlin認為做到以下4項會更容易吸引貴人來到身邊。

1) 願意為自己打拼

貴人們思考的不是自己的利益，而是「你」這個人是否值得幫忙。
貴人們都喜歡為自己打拼的人。當你勤力、誠懇、認真、虛心學習
時，想成功的心會吸引到更多貴人到你的生命來協助你。

2) 選擇對的團隊與平台

能力固然重要，選取價值觀相近，能夠共贏互相支持的團隊，便多了
很多貴人互相支持。適合可發展的平台，可使你發揮出強大天賦。
快樂的氣氛，也讓身邊的人成為你的貴人，願意支持成就你。

3) 與伙伴同行

團隊裡的伙伴互相貢獻，經驗多的會成為你的貴人，經驗差不多的會成為你的
戰友。當你在團隊中發揮出正能量，願意堅持、不服輸，支持身邊的伙伴。
貴人們更願意無私協助你。

4) 貢獻自己最強的力量

最後，當我們接受到不同的幫助，也值得貢獻我們最優秀的能力。
對團隊、對社會作出貢獻，無限量的資源包括貴人的協助都會屬於你。

團隊是最大力量
Marlin Kwok 郭芷欣

從英國畢業回來的Marlin，曾於製衣業擔任
Management Trainee的工作，同事看到她努力工作，
問她希望透過事業想達到些甚麼。她深思這個問題，
發現渴望工作得到四個元素：可以玩、能夠威、搵到錢、
有意義，使她開始尋找新的可能。加入保險業兩年，
她發現這個行業和她的團隊能帶給了更多、更大的成
長，亦為她的家人生意建立可交流的機會。

疫情下加入，仍然獲得MDRT佳績。

疫情下獲得佳績，Marlin 將經驗分享傳承。

在疫情中入行

　　2021 年，香港仍然受著 Covid-19 疫情的打擊，香港從 2020 年起已經百業蕭條。特別是保險行業亦面對著封關、人與人之間難以交流。可是 Marlin 不覺得困難，當時政府禁止食肆晚市堂食，反而使她的約見時間更集中，將中午時段約滿朋友和客戶，充份運用早上時間，用作思考與訓練，讓自己的工作做得更好。入行初年，她已經獲得了 MDRT 資格這業界精英指標。

　　最令她感受深刻的，卻是 2022 年 3 - 4 時間，當時香港每天的感染

人數過萬，食物、藥物亦被搶購一空。交通工具減班，大多店舖都選擇關門，香港如同死城一樣。人亦容易意志消沉。當時多數人都選擇在家工作，Marlin 亦一樣。可是維持了一個星期 Marlin 便回到公司工作，因為她發現一個人在家裡更難專注，她需要一個有工作氣氛的環境重拾動力。

回到公司的一刻，Marlin 十分驚喜。因為伙伴都回來了公司工作，一切彷彿回到往時一樣。一種「回家」的安穩油然而生，讓她深信有這個團隊，任何難關都不怕。

團隊就是力量

一個人行得快，一班人能夠行得又快又遠。Marlin 笑說曾有玄學師傅說她年輕時有很多貴人，會受到很多的幫助。當她帶著經驗成長後，便能成為他人的貴人。在她決定加入保險這個行業時，她有挺多選擇，最後選擇了這個團隊。一是因為她感恩上線經理帶她看到一個廣闊、可以互相學習、共同成長的世界，二是她相信在這個團隊中她可以發揮所長。

事實證明她的選擇是對的。在疫情期間，特別是 2022 年人人都抗疫疲勞，開始無力對抗疫症與長久的市面寂靜時，她感受到團隊的的力量。疫情中，團隊建立了部門制度，同事們有各自的專長，鑽研不同範疇的保險或理財資訊，使她作為新同事，也能夠仗賴團隊的力量，為客戶解答不同的專業問題。

疫情嚴重時無法見面，仍然能夠用網上方法。

Network + Knowledge 的團隊合作，
創造 Perfect 成績。

廣交朋友是 Marlin 的興趣。

　　而她也發揮自己愛玩的個性，舉辦了不同的網上活動，與朋友、團隊成員之間連繫。例如她會舉辦 Online Happy Hour，每人拿著酒杯，各自在家裡輕鬆聊天暢飲，也會組織網上遊戲，目的是與人們相聚。當時的環境也許讓人苦惱，但還是可以透過不同方法創造機會。

　　再者，互相支持的戰友亦是很重要，Marlin 與一班同事會籌組小組，互相支持，建立 Buddy System 互相鞭策。他們會定期一星期見面兩次，訂立目標、列出潛在客戶，鞭策行動。也會做 Case Study、練習如何講解計劃，讓客人更容易理解與明白。這些都是基本功，卻正因為在疫情下依然不放棄，堅持練習，結果才能出現。2022 年，她仍然能達標，獲得 MDRT 資格。

Network + Knowledge = Perfect

　　任何生意要做得好，必須具備人脈與專業。只是每個人的能力不一樣，有些人很強創建人脈，能取得他人的信任。有些人則熱愛鑽研，願意花更多時間將工作做得更精細。要兩者具備，當然是目標，卻需要更長時間建立，在成功建立前怎麼辦？ Marlin 的團隊深明此道理，先做好團隊內的信任，並活用不同天賦的同事，合作創造更多可能，為客戶帶來更多價值。

Marlin 感激她的貴人，上線經理 Step 帶她看到另一世界。

如同 Marlin 喜歡與人建立關係，她便與具專業知識的伙伴一同見客，共同分享成果。這概念特別適合現今的 Slash 世代，一個團隊，能依從客戶不同的需要，組合成不同的小隊，各自發揮出自己的天賦，將更多機會化作成交。

合作，能使每人都能在自己的強項上發揮所長，互相補足。同時這種合作有賴非常深厚的信任，團隊成員之間要有互相支持、無私付出的氣氛。Marlin 覺得這是她的團隊專長。她深信：「如果你能好，肯定是因為有人想你好。」當你願意用心付出，其實你不自覺已成為他人的貴人，並吸引更多貴人協助你。

作為疫情下才加入的「保險業疫下新生兒」，Marlin 認為最重要的工作，是用好團隊與前人所建立的系統，並帶領新的團隊，讓他們知道當中的價值。"Know Why" 是現今世代的團隊所需要的，當知道為何要做，要做到、甚至做好工作並不是難事。

好好發揮自身價值，努力接納他人幫忙，傳承這些好系統予更多新人，成為他人的貴人，成就自然遇見。而且是既好玩、又可威，更可賺錢並過有意義的生活，更有個人不斷成長的 Bonus。

只要相信，
　　便能看見。

成功的4種力量

成功並非偶然，Wing 的經驗讓我們知道，擁有4種力量，亦離成功不遠。

1) 執行力

要成功，必須敢於行動。每個人的步伐不同，快與慢並不重要，重要的是堅持行動，亦可以效法成功人士的方法，努力不懈的前進。懷著信念堅持嘗試，終會有結果。因為膽怯不敢行動，只會甚麼都得不到。

2) 學習力

成功人士總需要不斷學習、不斷改進。我們可以做每一刻最好的自己，同時即使再優秀，都會有學習的空間。保持學習的心態，與時並進，請教更多成功的人，虛心接納不同的意見，進步與成就亦來得愈來愈快。

3) 適應力

計劃從來趕不上變化，特別在現今的世界，「變」才是常態。擁有彈性隨時適應新的可能，自然能夠獲勝。秘訣在於有足夠的執行力與學習力，加上一班願意與你同行的戰友互相支持，任何難關都能跨越。

4) 持久力

持久因為願意堅持相信。信念是創造一切可能的基石，只要你相信，甚至感染身邊的人相信，並無論如何的學習與行動，累積失敗的經驗，最終總能獲得你想要的目標。

你是你本身的傳奇
Wing Poon 潘泳枝

一顆鑽石，原本也是一塊黑沉沉的石頭。須經過努力的打磨才能散發出閃閃光芒。Wing 大學時代已從事兼職賺錢，供自己讀書。兼職保險秘書的她發現保險行業能夠不問出身，只需努力便能有理想收入，亦能貢獻自身的力量。因為保險事業，她踏上了銷售界奧斯卡獲得傑出推銷員獎（DSA）的舞台，獲得最佳表現大獎。而這個大獎，是在她的整個行業、整個團隊、所有朋友客戶的信念支持下所獲得。

立志成為第一

2022 年，正值疫情下的「困難時期」，Wing 憑著敢於學習、努力進取，與同事一起前進，最終取得 MDRT 資格。而這份努力，讓公司與領袖們看見她的努力，提名她參加銷售界奧斯卡 – 傑出推銷員獎（DSA）比賽。這個比賽不止是保險或公司內部的銷售比賽，是整個銷售業界的盛事。能夠踏上舞台的，都是香港的銷售精英。單是內部遴選已經非常嚴格，能夠代表公司出賽已是榮幸，取得 5 強已是實力表現。

可是 Wing 打從內部遴選開始，便立志要成為第一，取得 DSA 的「最佳表現大獎」（BPA）。全港銷售人員何其多，要立志成為全港第一，需要無比決心。Wing 選擇從一開始便訂立最高峰的目標，為的是讓父母知道她的能力受到社會所認可；也證明給公司同事知道，只要相信便能看見；更重要的是，她代表著公司參賽，若能獲獎便能夠證明公司培育出像她一樣的人才。她的立志，是為了自己，亦不只是為了自己。

Wing 決心取得銷售界奧斯卡最佳表現大獎，亦成功圓夢。

加入變裝環節，難度甚高。

Wing 所帶著的決心，來自於她的客戶、她的朋友、她的戰友、她的團隊、她的公司。為了成功，她見到每一位朋友客戶、公司同事，都宣告她要成為第一。Wing 的未婚夫 Chester 更送了她一刻有「DSA BPA」的匙扣，她每天將匙扣帶在身邊，向

未婚夫Chester送Wing的匙扣，刻有"DSA BPA"字樣。

每一個人展示她目標。因為這個獎項正是為這些人而堅持，她希望得到她所重視的每一個人支持。

要成功需要付出努力，在準備過程中，Wing面對強力訓練，也面對無數質疑。她自問口才不算好，認為自己語速太快，能力不高。可是她有的是學習的心，不斷練習、改善，虛心向前輩請教。為了成為第一，她努力翻查看過往的得獎片段，在設計演講稿時聽著比賽主題曲"The Final Countdown"，任由淚珠滑過臉頰，手仍不停地寫著講稿。在三分鐘的銷售「表演」中，她設計了一個「變裝」的環節，從一個菲傭的身份搖身一變成為了專業的理財顧問，過程需要流暢並有原因、不兀突。靠的是不斷的練習，用實力說話。

屏息以待結果來臨

直到揭曉成績那天，她站在台上，靜待司儀揭曉誰是「最佳表現大獎」得主。在台上她一方面手心直冒汗，深怕未能承載各人的期望與自己的努力。另一方面心裡直叫自己放鬆，想到她已經竭盡全力，結果只能交由上天。畢竟比賽除了實力與努力，還需要老天爺的一點眷顧。

當司儀宣佈了得獎者，耳邊響

成功的背後，因為有身邊的那個他。

起震耳欲聾的歡呼聲。Wing 頓時呆了，腦海一片空白，無法相信自己真的做到了，獲得最佳表現大獎。在場的同事激動得流淚，不斷尖叫吶喊。他們激動，因為這些戰見證著 Wing 一路以來付出多少心血，今天獲得肯定。

當她拿著獎座走到台下，祝賀語音訊息蜂擁而至，全都是帶著感動喜悅的聲音，為她實現目標而高興。那份感動使 Wing 再次感受到公司的團結，也印證了她的價值。那些為她喜極而泣的，大多與她沒有直接利益關係，只因她努力得獎而感動。Wing 的投入、堅毅，感染了身邊的伙伴，因而感動。

疫情下的豐收

回想起 Wing 加入公司，正值 Covid-19 世紀疫症的時間。她從 2020 年 6 月入職，用了半年時間堅持取得 MDRT 資格，所付出的努力實在不少。時至 12 月，當時的她還欠 25% 才到達目標。貌似不可能，她仍然堅持。即管

Wing 很感動，因為身邊有無限量的伙伴支持著。

上線經理Carson與團隊領袖施麗麗小姐給予很多指引。

聖誕節別人去了玩樂,她和團隊只能站在店舖中做路展。她都堅持一一撐過去,在 12 月 31 日當天成功達標。

入職半年達標,全因她渴望告訴團隊與世界「只要肯努力,凡事有可能。」他人認為剛入職達標不可能,疫情下難以做生意,如同很多人認為要立志成為全港最佳表現的銷售員不可能,她都一一以行動作出反駁。

Wing 相信世界再壞,我們都有能力用自己的生命創造意義。她感謝她的團隊,特別是她的戰友們給予動力、未婚夫無時無刻的支持陪伴。讓她有機會以行動感染身邊的人,再壞的時代,也有更美的結果。

疫情下,她收穫甚豐,只是剛開始時她同樣經歷艱難與迷惘。每當她乏力時,總會記起上線經理 Carson 跟她說那「竹子的故事」。竹子在生長初期,需要建立基礎,生長得很慢,但只要堅持下去,過了基礎期,生長乃是幾何級數的颷升。團隊領袖施麗麗小姐亦給予無限量支持。

而她正以經歷告訴每一位尚在努力的人:只要願意堅持,努力學習,打好根基,成功終會出現,哪怕身邊環境有多壞,最好的仍是會來臨。

✦ 小檔案 ✦
曾任職世界五百強公
司高管,轉跑道投身
保險行業,入職4個
月已獲得MDRT資格
(業界精英指標)。

擁有夢想只是空談,用行動實現夢想才是成就。

快速成功的 4 個要素

Angelina 在投身保險行業4個月，已獲得理想成績。源自於幾個要素，記下它你亦能快速成功。

1）堅持信念

任何時候也要忠於自己，在對的時候做對的事。有勇氣踏出舒適圈，方可成就更好的自己。需知道風險管控，理財策劃本就是所有人也要處理的重要課題，所以更要謹記初心，堅信自己正在經營一個利人利己，能帶給身邊人正面影響的事業。真理越辯越明，時間能為財富增值，亦能引證一個人的言行，因此要抱著初心堅持行動。

2）讓種下的信任種子開花

人與人之間的信任，不是一朝一夕。而達至成功需要與不同的人建立起信任，特別是銷售或顧問行業，是以人為本的行業。因此個人的道德操守很重要，秉承高度誠信才能在別人心中栽種信任的種子，繼而開花結果。

3）團隊共贏支持

一個人走得快，一班人可以走得又遠又快。選擇優秀的團隊，找到共贏的方式，能使自己在剛起步時，已經有強大的支持，並能借助力量快速成功。亦將成功的方式傳承下去。

4）相信工具

要成功有很多方法，要快速成功，工具則變得更重要。選擇對的工具和媒介，包括行業、平台、團隊，讓自己的努力事半功倍，才能快速成功。

栽種快樂
分享理財智慧
Angelina Lui 呂素伶

從事快流消費品逾廿載，高薪厚職的人生，毅然放下一切，投身全新的行業。並以極速幾個月便取得了MDRT 資格（業界精英指標）的成績。你問 Angelina 為何這麼快便做到，她答你性格決定命運，任何時候也堅持在對的時間做對的事，成功也就是指日可待。

為照顧初生兒子，Angelina 放棄高薪，成為全職媽媽。

人生價值有順序

　　Angelina 説話溫溫柔柔，同時總是帶著一股肯定，也很了解自己的需要與選擇。2022 年，她毅然放下高管職位，敢於重新出發，可是這並不是她第一次放下一切。

　　那些年，她畢業於香港大學，立即投身於世界五百強的快流消費品公司工作，一直扶搖直上，成為香港市場第一位港人女高管，負責整個大中華區域。事業如日中天，卻因為一個人願意放下一切 —— 她的兒子。那時候她的孩子不足一歲，Angelina 產假後第一次離開香港一整天，回到家看著兒子，正嘻嘻哈哈露出天真的笑臉，讓 Angelina 兩眼滑出了淚痕。旁邊的丈夫以為他被同事欺負，其實是當下一刻，Angelina 了解到生命當中孩子的成長與笑臉，比任何事情，包括美好前途更加寶貴。「公司沒有了我，只是沒有了一位員工；而兒子少了我在旁，卻是失去了媽媽的陪伴。」「可能因為我是高齡產婦，大概會感性一點，哈哈。」領悟到生命中的重要順序，那一年 Angelina 毅然放下經營了十五載如日方中的事業，成為全職媽媽。

　　當孩子長大，她亦開始有重投職場的意向。畢竟她擁有知識與管理能力，還是希望能夠有所貢獻。適時她的舊公司需要一位可信任，有管理經驗的人選到新的合作夥伴去對接公司業務。在舊同事的力邀下，2016 年她便答應到合作伙伴的公司上班，重拾高管的工作。

昔日五百強大公司的高管，今天亦投身理財事業。

重投跨國企業，Angelina 除了要應付建立新班子和業務發展上的挑戰，亦要適應不同的公司文化，以及辦公室人際之間斡旋與角力。2021 年，香港正經歷疫情爆發，作為快流消費品的龍頭，生意尚算沒有太大影響，但在公司政策上、管理上迎來了更多難題與障礙。因為疫情，很多人亦會在家工作和上課，某一天她的兒子很認真地問她：「媽媽，你現在的工作很辛苦嗎？我常聽見你需要罵人。」一句問題讓她很認真的思考自己在做些甚麼。對兒子來說，不怎樣看過她罵人的一面，而她的壓力，孩子都看在眼裡。讓她不禁自問：「對我來說工作的意義是甚麼？」工作，似乎不應該只是與他人斡旋與角力，並讓身邊的人都感覺到自己不快樂。她再問自己一個問題：「我還想持續這種生活多久？一輩子可以嗎？」答案是不行，那代表著她似乎需要作出轉變。

兒子長大後重投社會，Angelina 亦是協助舊公司品牌生意。同時開始思考其他可能性。

在新的崗位上投放了 6 年時間，建立了穩定的團隊，公司的業務也上了軌道，彷彿完成了一項「歷史任務」。踏入人生下半場，Angelina 開始反思自己重投職場的目的。如果當年離開任職超過 15 年的公司是為了陪伴兒子和家人，那麼現在她也可以用身教讓兒子明白，要有勇氣踏出舒適圈，並相信自己可以變得更好。對她而言，工作應該是對人有直接的價值、可以共贏，與伙伴同頻共振的。

疫下重新出發

怎樣工作才會快樂？疫情下的高壓與在家工作，Angelina 思考工作意義的本質。就在這時，舊公司的伙伴邀請她了解保險和理財策劃事業。回想她

最好的準備，成就快速的成功。

在CAO手上接飛躍新星獎項，對Angelina而言是一大鼓勵。

早在二十年前工作時，已經為自己購買儲蓄保險，並與當時的後輩同事分享理財意識。也許因為當時種下的種子，今天舊伙伴邀約她一起發展理財事業。Angelina 發現能為身邊的人創造更美好的價值，是快樂和有意義的。

對於保險和理財策劃，Angelina 並不抗拒，只是以前一直從事快流消費品高管工作，沒有考慮過轉跑道。此刻重新了解，才發現理財的世界很大、很專業，而自己身邊很多能幹又高收入的朋友，卻未必懂得理財。進一步了解這個保險事業團隊，非常年輕有活力，總是有很高的能量，並願意互相協助，互相分享。有意義、快樂、共贏共振⋯正是她所渴求的，於是 Angelina 便毅然投身保險理財策劃行業，並極速以 4 個月時間，取得 MDRT 資格，成為業界新人王。

能夠成為新人王，快速取得成功的指標，Angelina 認為那是努力加運氣的結果。生命有時，往日種下的種子，在適當的時候總會開花結果。

真理越辯越明

很多人認為，保險事業起步不容易。然而對 Angelina 來説，卻比往日的高管生活更輕鬆自主，而且更有意義。對她而言，現在的工作不是銷售，而是教育。她發現很多同樣高管職級的朋友，賺錢輕易，卻不懂如何理財，甚至連最基本的醫療保障，也是依賴公司的醫療福利。有福利當然是好，卻同時仍需為自己他日籌謀打算，更遑論儲蓄、投資等等。

外間對於理財顧問都存有不少誤解，認為保險人約朋友出來聊天吃飯，總是為了做生意。她遇過跟一位好朋友約會聊天時，好朋友開門見山對她說已經沒甚麼保險產品需要買，那一刻 Angelina 有一點不是味兒。然而她了解自己的初心，是想跟身邊人分享理財的訊息與理念，如果朋友的保障和退休方案已經安排好，是非常值得高興的事。Angelina 很快便放下那份不舒服的感覺。後來這位朋友在半年後有保險問題需要協助，主動找她幫忙，Angelina 因而感動，覺得朋友那份信任，是源自於自己的專業、認真與誠懇。

她認為，要令社會各個階層的人明白保險及理財策劃對人生的重要性，是一件非常重要和有意義的事情。人生在世，生老病死是必然，變幻無常是永恆。各類風險必然存在，能夠令風險變得可控才是關鍵。簡單而言，保險和理財產品就是幫我們控制風險的工具。

也許有人認為，Angelina「放棄」了高薪厚職，代價很大，也需要很大的勇氣。然而對她來說，她只是將自己的信念，換了一個更快樂的方法傳揚，以及延續下去。能夠有伙伴的支持，以及她正開始建立自己的小隊，這些管理的經驗、做人處事的堅持，都會繼續伴隨她走得更遠。

團隊的活動與系統，亦是 Angelina 快速成功的主因。

> **一個人的成就，**
> **不是來自天份與運氣，**
> **而是堅持和付出。**

◆ 小檔案 ◆
從事保險行業超過31年，獲
得連續31年獲得國際卓越品
質獎，亦為 MDRT（業界精英
指標）終身會員資格、2020
年獲得分行經理大獎 ── 直屬
營業隊伍亞軍，並於2021年
獲得傑出人壽保險經理。

如何面對不可抗逆的難關

環境不能改變,但我們可以改變心態,Irene分享了幾個步驟,能夠快速面對不可抗逆的難關。

1) 學習接受

第一個步驟是學習接受。接受現實是很難的,尤其是當我們面臨難題時。然而若我們一直拒絕接受現實,就無法從中得到任何幫助或學習到任何東西,也只會陷入失落的情緒之中。學習接受,才有空間向前邁進。

2) 調整心態與狀態

當我們接受了,下一步不是先要解決問題,而是要調整心態和狀態。我們不能讓自己深陷悲傷和憂慮的情緒中,這樣只會讓我們感到更加無助和沮喪。相反,我們應該試著保持冷靜和積極的態度,也可以尋找團隊與伙伴的協助,才能更好地應對挑戰。

3) 思考下一步

當我們接受現實並調整好自己的心態後,我們應該開始思考下一步該怎麼做。我們應該試著找到解決問題的方法,問自己一句:「下一步應該做甚麼?」,這樣才能使我們更接近目標。有時候,我們可能需要尋求別人的幫助或建議,這也是很正常的。

4) 做好本份,將影響減到最低

即使我們無法完全解決問題,我們仍然可以做一些事情,將影響減到最低。例如,如果我們無法見到客戶,可以先準備好自己,學習新的技能增值,運用科技幫助。這樣做可以幫助我們減少損失,並使我們更加穩定和堅強。

成功貴乎盡責
Irene Chan 陳偉珊

對超過30年保險業經驗的Irene來說,經歷過不少市場上的高高低低。可是只要將心比己,易地而處,面對任何的危機也有信心。這些年來,她在保險路上領悟到的,是與客戶溝通分析時,訓練自己的自信心、同理心,便可以在逆境時造就更好成績。

保險行業讓人成長

90 年代的保險業，形象不如現時的專業。要入行的確需要一點勇氣。幸好 Irene 在大專時，聽到師兄的職業講座，發現保險業是個「人人為我，我為人人」的職業，難得有份職業既有社會價值，亦能對前途及成長有幫助。

當 Irene 表達想入行的意願時，家人自然反對。幸好她花了一年時間了解，並跟著師兄見客，了解情況後，毅然決定入職。一轉眼已超過三十年。

初入行是艱難的，Irene 在最初也面對很多新鮮人的難題：介意他人看法，覺得自己不夠自信。初入行，會訓練自己有一些講稿、話術，期望能「說服」客戶買單，慢慢她發現跟客戶溝通並不是「我在自己的立場說服你」，而是細心聆聽，用心規劃。

Irene 不斷摸索，發現「同理心」是理財顧問的工作中不可或缺的部份。自己需要站在客戶立場上思考，他們為甚麼需要這份保障，為甚麼需要此刻購買。她以專業的分享為出發點，讓客戶明白建立安全網的重要性，將所有利弊、不買的代價，以及產品的特質都向客戶分享，並將最後的選擇權交回給客戶。

定位在客戶立場思考對方的需要，分享亦會變得容易。Irene 回憶起 2020 年一個理賠個案，當時她替客戶處理一個危疾醫療保險的理賠，公司很快已經批核出港幣 60 萬的支票，以及 110 萬的醫療儲備。

將經驗傳承，是 Irene 的使命

疫情調整好心態後，學習新事物適應環境。

使客戶毋須面對經濟壓力，安心接受治療。有次她到診所協助客戶理賠時，客戶的丈夫有感而發地對 Irene 說：「陳小姐你的工作真好，每天叫人做善事。」Irene 笑了笑，問他為甚麼有這樣的想法？客戶的丈夫說：「因為我覺得保險是人人為我，我為人人。在我有需要時，讓保單幫助了我。使我和家人都輕鬆了很多。Irene 聽後很感動，因為她正是為了「人人為我，我為人人」這 8 個字投身保險行業。她認為，每一個為了家人而投保的客戶，都是大慈善家，因為愛和責任，以及早準備守護家人。顧問則協助他們，彼此守護。

每次向客戶解說方案，Irene 都會盡心解說，再將決定權交予客戶，客戶感受專業信任時自然作出最好的選擇。Irene 憑著對客戶的真誠、專業，不需銷售，只需用心分享、分析，同樣能創造佳績，甚至贏得客戶的尊重與信任。

慢了步伐 更高業績

2020 年，香港經歷了非常不容易的 3 年。疫情肆虐，讓人恐懼病毒，不敢外出。對於習慣見面、找朋友客戶吃飯的 Irene 亦面對題。幸好經歷過 SARS、金融海嘯等大難關，Irene 知道此刻是自己更需要突顯專業的時候。

不過難關出現時，Irene 認為第一件事不是立即處理，而是需要調整好自己的狀態。而運動是最佳調整自我的方法。Irene 堅持每天早上做運動，並在家裡亦選擇穿戴整齊，好讓她更容易整理好自己的狀態。她開始思考疫情轉變下，有甚麼是她可以做的。儘管學習網上工具，例如 Zoom、Goodnotes 等需要時間，Irene 還是會願意嘗試。將見面搬到網上，都能夠得到成效。因為工具可以轉變，不變的是人在危機時，更需要安全網。

疫情與危機感，讓客戶了解未能妥善管理財產與安全網的代價，更讓客戶有更大迫切性做好保障。特別是正值政府推出了退稅三寶，疫情下更需要

疫情期間成為財富流沙盤推演教練，與年青人推動財商教育。

Irene 擁有一個優秀團隊。

省錢，對客戶來說是很重要的資訊。因此她會和朋友分享她的看法，同樣地以客戶角度出發分享見解，提供專業意見，提出不同選擇的代價，並交由客戶自行決定。

疫情下，Irene 不少保單是在電話聯絡、網上面談、網上投保，解決了客戶不敢外出的難題。即使希望親身投保，她也會先做好預備工夫，在客戶公司樓下、公園、車上，以 15-20 分鐘完成文件簽署，方便客戶。

多年專業，獲得不少獎項。

　　當用心站在客戶立場下思考，致使 Irene 業績反而有更大突破，達成了接近 2.8 倍的 MDRT。甚至有更多時間可以慢下來，享受生活。疫情讓 Irene 發現往日的節奏太過急速，人們經常要追追趕趕，她也習慣在早上回到公司交待秘書工作。疫情後，人們習慣了遙距工作，讓她發現她可以好好運用科技聯繫，得到了的是時間與休閒。

運動能使人保持狀態。

　　要做得更好，必須先做得更專注、專業。Irene 專注在退休、傳承規劃，讓客戶都記得她的專業，而她亦渴望將她的能力與經驗，傳承下去予更多年輕人。讓更多人明白這個行業的美好。

與你同行，活出精彩。

小檔案
認證私人銀行家、壽險
管理師、認證財務顧問
師等資歷，並連續13年
獲得 MDRT 終身會員資
格（業界精英指標）。
並擔任2005年海港青
年商會會長，2007年
擔任國際青年商會香港
總會執行副會長。

時刻保持正面狀態的 4 個方法

從事銷售及顧問工作，需要保持正能量，才能給予客戶最好的支持，亦有足夠力量面對不同環境挑戰。Cindy 的經驗，能幫助大家每天充滿正能量。

1) 外出散步、曬太陽

一日之計在於晨。如能在工作前，外出走走散步，沐浴在陽光之下，吸收一下維他命 D，讓自己的腦袋清醒一點，並有足夠的力量面對不同挑戰。有時候工作累了，也可以趁機多外出散步，整頓心情再重新出發。

2) 多做運動 平衡生活

如無法外出散步，或是天陰無法曬太陽，還是可以做運動，讓自己舒展筋骨，活動一下。簡單地跑一下步，出一身汗，也是減壓良方。運動能使人心情開朗，平衡日常中的悶氣，保持正面狀態。

3) 尋找互相支持的伙伴

知道身邊有人陪伴支持，心情亦會快樂很多，做事更有衝勁。多與正能量的朋友聊天，互相打氣，創造正面的氣氛，能使人時刻保持正能量。

4) 閱讀正能量文章

知識讓人成長，坊間有不少正能量的文章，空閒時或睡前多閱讀，也能立即調整狀態。特別是一些勵志故事、名人話語等等，既能提升自己的狀態，也能獲得更多知識。

成為他人的守護者
Cindy Yeung 楊婉儀

入行超過25年的Cindy，認為保險事業就如自己的一盤生意，成就如何全憑自己。連續13年取得MDRT資格，除了因為她的堅持努力，更是因為她的使命，願意為每一位客戶擔任他的家庭守護者。特別是經歷疫情，讓她更覺得自己工作的重要性。

超過25年的專業，成為客戶的守護星。

守護朋友 成就他人

入行，全因大學時的一個小培訓。Cindy 與不少人一樣，特別是在 90 年代，對於保險業的印象未必太理想。可是大學時有機會到公司的培訓部，學習時間管理，讓她對這個行業完全改觀。由於教授的是保險公司的培訓部人員，所教的都讓 Cindy 得著良多，特別記得當時導師曾說：「人生時間很短暫，要好好掌控時間」。

那個課程與導師讓她對保險行業產生好奇，開始願意了解這個行業。發現到保險關乎人的生老病死，需求與發展潛力也甚大，繼而畢業後選擇了這份事業，一下子投身了超過 25 年的時光。

保險行業的工作，經常要為他人理財，在他人需要時，能夠運用保單的力量伸出援手。Cindy 乃是性情中人，他人的喜怒哀樂，都容易感染到她，一道助人的心，讓她堅持為客戶管理其醫療、退休金等保障。特別是 Cindy 加入過非牟利組織，成為青年商會的會長，受到領袖訓練後，感受到需要運用自身的能力貢獻社會、服務他人，也訓練出自己的魄力，守護朋友客戶的保障。

增加實力 支持他人

擔任了多年的守護者，面對過很多生老病死，讓 Cindy 感嘆自己幸好是在從事這一行，讓她有

2005年成為青年商會會長的經驗，亦協助Cindy面對種種挑戰。

能力實在地提供協助。特別是有一位認識了超過 30 年的好同學，患上惡疾時致電給她，她二話不說叫朋友出來聊天，讓朋友有空間可以抒發他的感情、情緒。當人聽見惡耗時，有著這份感情的支援叫人心安。而 Cindy 更感恩朋友之前有買危疾保單，使她有足夠的底氣，向好友說一句：「別擔心，醫療費用包在我身上，你的工作是醫好你自己。」使好友無論經濟上、心理上都踏實起來。惡疾醫療費動輒一百、幾十萬，再親的朋友也實在無力為此負上責任。然而因為朋友當初信任她，買下了危疾保單，讓她能跟進協助，領取這份醫療費，更有能力催促公司儘快處理，使朋友得以安心養病。

熱愛動物的人總有顆善心。

　　工作當然要賺取收入，特別是在香港這個物價騰貴的地方，甚至想買一寸安樂窩也不容易。可是人生確實很短暫，人總希望能夠讓自己有不錯收入，同時做饒有意義的工作。保險與理財策劃的工作，讓 Cindy 既守護朋友的健康，也能實現客戶的夢想。

　　她憶起有一位早年做了退休金計劃的客戶，忽然想要提早領取金額，才知道朋友看中了一個夢寐以求的單位，而早年做了的儲蓄計劃，讓客戶能夠有足夠的資金圓夢。Cindy 感恩自己能夠參與其中，保單產品就如精靈的神仙棒一樣，透過作為策劃，能夠協助他人解困，也協助他人圓夢。這種動力讓 Cindy 堅持超過 25 年在這個行業工作，並一直堅持下去。

疫情是心態的考驗

　　無論在行業裡待多久，也許還是沒有預料過 2020 年起的 3 年間會遇到怎樣的困境。這不止是經濟生活的困難，市民更是面對病情擔心感染。自己

由 Cindy 和其他經理們組成的 Super Marvel 與 CEO 及 CAO 難得相聚。

病倒還好,更可怕是影響家人。這3年,香港人生活在懼怕疫症當中,有時會感到無助。情感豐富的 Cindy,坦言亦會容易受這種悲觀氣氛影響。她感激身邊不同的朋友鼓勵,也感恩自己作為理財顧問的專業。使得她有使命在這樣的氛圍中謹守崗位,為客戶提供更專業的服務同時,散發出種種正能量。

疫情下她參加不同課程,令自己更專業同時,明白毋須太恐懼。公司的伙伴、課程中認識的好同學,都成為支持的動力,彼此之間互相打氣,發放正能量,使得她也願意成為正能量的源頭,協助不同的客戶與朋友。

也許在疫情中實體見面不容易,但人要聯繫,只要有目標便能找到方法。她開始以電話及網上方法跟客戶見面,並讓客戶更了解健康保障的重要性。環境的變遷,更讓她主動關心不同的客戶,因為作為守護者,不只是保單與醫療,更需要顧及到大家的想法與需要。因為她的專業與感染力,Cindy 的醫生客戶轉介了不少客戶給她,使她能繼續她的使命。

意志力能戰勝恐懼

面對疫情的無常,人難免會覺得恐懼,畢竟我們都是人。而 Cindy 卻告訴我們,有恐懼是人之常情,成功人士就是能

2021 及 2022 Agency One 勇奪全體營業隊伍冠軍及多項獎項。

多閱讀，使面對逆境仍保持正面心態。

克服恐懼。而她的經驗，發現每當我們願意放下恐懼，放下腦袋被否定的聲音，專注眼前的目標，總會能找到方法完成自己的理想。而這份專注，無論任何專業，特別是保險行業，或是銷售行業都非常需要。

「就像一個運動員在球場上打球，目標只有一個：進球」近來喜好高爾夫球的她，會用打球作比喻。「打球時總會遇到打得不夠好、球還差很遠的時候。這時再埋怨也沒甚麼用，反而要放下之前的球，調整好心態再出發。」有了目標，才會有足夠的意志力堅持下去。同時她認為銷售員需要有足夠的覺察力，覺察對方的需要，也覺察自己的狀態。如實地承認此刻是達標還是落後，堅持想辦法到達目標。

跟2001 MDRT會長 Mr. Tony Gordon學習時拍攝。

正如我們無法想到疫情何時會完，但我們知道它總有完結的一天。當我們聚焦在可能性上，便會找到方法帶領我們圓夢。

◆ 小檔案 ◆

加入保險行業12年，從2018
年起連續獲得MDRT資格
（業內精英指標）。並獲優
秀人才培訓師、執行理財策
劃師、註冊特許財務策劃師
FChFP、認証壽險規劃師等
專業資格，亦是傑出銷售專
業大獎五強。

凡事作最壞的打算，
做最好的準備。

在逆境下仍能成功的竅門

我們改變不到環境的順與逆，但我們可以選擇在有挑戰的環境下是成功或失敗。
Coco的4個竅門，讓你在逆境下，仍然堅持自己，關關難過關關過。

1) 找回初心

當你訂立了目標，在過程中總會遇到不同的挑戰。你會選擇放棄抑或找回初心堅持下去？成功，不是因為環境，而是因為心態。無論眼前的環境怎樣，身邊的人是否支持自己，也不是主要原因。回想當初為訂立目標的核心原因，讓它帶領自己無論如何也堅持下去，過程未必順利，但有時候過程比結果更有得著。

2) 建立清晰界線

我們無法控制環境，更無法控制他人的想法。說得容易，其實在人生的旅途甚至是日常生活上也會遇上被否定，別人不看好，質疑你甚至打擊你。這時我們就要沉澱消化，訂立清晰的健康界線，再微笑一下放下他人對你的想法，讓對方自然的流失或離開。繼續堅持自己，也許有一天你成功了他反而會走過來恭喜你。

3) 多分享，建立信心

在不如意時，總會自我否定，懷疑自己的能力。將自己曾經成功的目標與方法跟其他人分享吧。當然會有人支持你，也有人反對你。但總會遇見懂得欣賞你的人。你的無私分享會幫助到他人成功，也能鞏固自己信心，繼續前進。

4) 發揮自我潛能

每個人也會有自己的天賦與能力。與其跟隨別人的路，或用不適合自己的方法，倒不如找出自己的定位發揮自己的潛能，朝著自己的目標進發。即使自己的方式較迂迴，時間較長，但因為是自己的選擇，由心的感覺，便有堅持的力量。只要做好自己，不畏環境，成功也會找上你。

柳暗背後
等待的是花明
Coco Poon 潘穎恩

如果你進入一個靠打拼而成功的行業，例如銷售，卻欠缺資源支持，只能孤身一人撐下去。你會願意走下去嗎？遇到沒有支援，市況惡劣、疫情來襲，Coco仍然堅持走下去，不是因為她有多自信，而是因為她腦海裡從沒有想過走回頭路。然後，等待她的是新世界、新戰友，以及更多相信她的人。

最差的總會過去

　　Coco 的遭遇，用作拍電視劇、寫小說的情節也不為過。畢業後第一份工作，她以為在職場上難得地找到了好朋友，投入了感情卻發現原來自己是被利用被出賣的棋子。過了幾年遇上了另一位朋友挖角，原以為是看中了她

疫情下，Coco 懷著正能量，接受電視台訪問節目。

的能力，誰知道一入職，所謂的朋友，只是利用完便棄掉。再找工作，驟覺無論如何升遷機會都不是自己，然後發現，上司與下屬有著地下戀情，夾在中間的自己前景也是黯然。

　　職場無奈，倒霉之神仍然不願意放過她。因為再次誤信好朋友，她得背起不屬於她的債務。讓她不得不尋找

方法努力賺錢。幸運的是，她找到了一個新的跑道，只要努力便會有收穫，更不需要與公司同事打關係，不需要額外的博奕。一切靠實力說了算：這便是保險行業。

　　入行後，她每一天都很努力。面對不明白的地方，便到公司資料庫研習。但因為管不到別人口中的說話，運滯的經歷讓她總是自信不足，不敢告訴朋友自己已經轉了行。即使朋友知道了，也會說著「你應該唔會做得長」、「你想無朋友就做保險啦」等等的嘲弄。當時的 Coco 沒有反駁，只能默默承受，堅持做好自己的工作。

　　由於沒有正確的帶領，沒有伯樂的 Coco 走得比他人更辛苦更迂迴。而她也不是強勢、

善良的Coco，在疫情下為有需要人士送上物資。

滔滔不絕的性格。她的優點在於願意聆聽他人，只會用同理心為他人尋找解決方法。在別人眼中，她「被動」、「太顧慮別人」，不是做銷售的好材料。的確，最初的事業路實在不順暢，同時因為債務問題曾經連日常交通費也是負擔。

面對種種艱難、一面倒的不看好，你會放棄嗎？Coco 選擇永不放棄。因為她經過深思熟慮才轉換平台，既找到一個好行業，決定了就沒有後退的理由。因為她不肯退讓，也因為她的努力，奇蹟總會發生。應該説，因著她的堅持、用心與親和力，會吸引他人主動地問她關於保險的問題，並最後成為她的客戶。

有趣的「生果阿姐」扮相，專業的説辭，讓Coco成功獲得「傑出銷售專業大獎 - 五強」。

透過參加比賽，Coco（右1）除了獲獎，更獲得一班好戰友。

辦公室大堂的保安員、乘坐的士時的司機、出席公司晚宴需要租借晚裝而接觸的公司職員、公司拍攝官方短片攝影師的女友、很久不見在社交媒體上的朋友等等，紛紛成為了她的客戶，而且好些銀碼也不少。你説她好運，卻是因為她沒有目的地真誠待人，無論如何找最適合的方案幫助客戶所需，才讓人投下她信任的一票。就這樣，她在沒有資源、沒有甚麼協助下，一次又一次達成了業界精英指標：MDRT 資格。

打開新世界

贏得「銷售界奧斯卡」，街上都有廣告展示他們的成績。

從事保險業，很多人會先選擇優秀團隊跟從，自主選擇團隊也是一種行業優勢。然而對 Coco 來說入行簡單，並不知道原來要選擇團隊，也不知道其他團隊怎樣做，只懂埋頭苦幹，從不知道原來世界這麼大。直至她的團隊機緣下回歸到資深區域總監身邊，那位總監欣賞她的實力，推薦她代表公司參加「傑出銷售專業大獎」，當時的 Coco 才初接觸大世界，也不知道原來已經是第 54 屆「銷售界奧斯卡」的比賽。只是覺得難得有人欣賞，便要把握機會就直接參加了，殊不知那是打開新世界的契機。

Coco 的公司對「傑出銷售專業大獎」非常重視，需要經過內部選拔及面試。被挑選代表公司出賽的參加者，會結集在一起訓練，並有很多具經驗的評審導師協助。他們既是競爭對手，也是戰友，一同受訓、互相支持成長。

Coco 被邀請出席百萬圓桌亞洲年會分享嘉賓，場面盛大。

Coco 參加比賽時，正值是疫情肆虐的時代，面對的困難更不少，一班戰友互相鞭策，互相支持鼓勵。

憶起疫情初期，Coco 意識到很多人缺乏物資，除了盡人脈網絡為客戶朋友們搜羅抗疫物資外，她更心繫在街上流連的紙皮公公婆婆。想到他們才是更需要幫助的一群，Coco 自資了義工小隊，自發地在街上派發物資予有需要的人，看到他們的苦況，Coco 心內一酸：「何以在繁榮的香港背後，有些長者晚年也無法好好生活呢？」他們沒有努

力苦幹嗎？沒有貢獻社會嗎？也不是，只是因為當時沒有做好退休安排，激發了 Coco 決心要做好退休保障這個板塊。

Coco 的路走得不容易，但只要堅持就會一步步走向成功。

曾任公關及擁有舞台劇經驗，明白深入淺出的道理。也刺激了她在「傑出銷售專業大獎」比賽中，以「生果阿姐」的造型去銷售退休年金作比賽主軸。誰知她面對很多質疑的聲音，認為這樣的扮相有失專業理財顧問的身份。每個意見也是善意的，目的只有一個，就是想事情更好。在最迷惘的時候，身邊的戰友們鼓勵 Coco 找回初心，最真誠和最喜歡的方式去演繹。最後她決定忠於自己，最終獲得了五強殊榮。

除了得到獎項認同，Coco 更大的收穫是讓她知道公司有不同的戰友。即使大家未必有直接的工作關係，不同團隊之間也會互相幫助互相支持、付出。她亦被邀請到不同的團隊分享，同事們對她的能力都表示欣賞，會私下約她交流，讓她也開始認同自己、建立自信。

現在她也是公司的優秀人才培訓師，以公司層面培訓同事。今年 5 月集團在澳門舉行的百萬圓桌亞洲年會，Coco 也是香港區代表成為分享嘉賓。最巧合的是當她收到印有 Coco Poon 的講者名牌時，令她回想 13 年前仍然做公關行業時，同樣在澳門最辛酸的一個 2000 人會議，當時她就是負責處理及照顧每位講者，今天角色轉換，自己就是被照顧那位⋯。想起她這 12 年走得不容易，但幸運之神從沒有離棄過她，只是要讓她經歷、學習與成長。堅持下去，總會成功！

> 靠信仰得力，
> 無論面對機遇或挑戰，
> 用心服侍身邊的人，
> 時刻心存感恩。

小檔案
經濟金融學士、工商管理
碩士，入行4年獲2022、
2023 MDRT資格。2022
年獲最高醫療及保障業
績第10名以及APFinSA
Excellent Award。

高低中保持平常心的竅門

面對困難，保持安穩，才能有足夠智慧走下一步。Mindy每每面對困難，還能保持從容不迫，因為4個竅門。

1) 靠信仰得力

信仰對很多人來說是內心的錨，安定自己，繼續向前。聖經有句金句：「要在指望中得喜樂，在患難中要忍耐」。在工作中得意義，找一個自己願意堅持的信念，讓自己保持樂觀、積極，遇上任何問題亦能有勇氣面對。

2) 明白困難是學習機會

困難之所以讓人卻步，因為既不懂面對，也覺得它是不應存在的可怕事情。可是如同玩遊戲一樣，沒有困難，哪有挑戰，更沒有當中的樂趣與學習。經歷過困難的人會告訴你，難題難得，它是讓人成長、學習的機會。明白這一點，有勇氣面對，難題再不是難題。

3) 行業意義的啟發

明白行業帶來的意義，能讓心安定下來面對高低起跌。透過Mindy作為理財顧問的工作，是因為人生閱歷多了，見證家人朋友的生、老、病、死，體會身邊照顧者的感受，更明白保險的意義，啟發對行業的堅持、奮鬥，在這行業中面對很多困難，但明白意義能不斷提醒自己要學習進步，盼望身邊的人都能得到適切的保障。

4) 創造互相支持的團隊

在保險事業中，有強大專業知識和支援配套的團隊很重要，除了有資深同事的經驗，上線全力支援及下線的齊心合作，創造出互相支持鼓勵的文化，即使遇到難題時，全隊人一起互相幫助及解決。同時，團隊裡能與志同道合的朋友一齊組織信仰小組，互相扶持成長。

1 vs 100
Mindy Kwan 關靜怡

很多人認為Mindy是幸運，也是傳奇的人。在保險行業中，簽下一張年繳100萬的保單，幾乎已經能夠取得MDRT資格，成為業界的精英。如果你有機會簽上一張100萬的保單，在冷靜期內最後一天客戶需要退保，到手的業績忽然掉了，你會怎辦？Mindy告訴你，她會用100張1萬的單，彌補這個缺口。

富意義的人生下半場

Mindy 的人生上半場，從事市場推廣工作，喜歡做與人有關的工作，也試過受聘於非牟利機構（NGO）。因為照顧孩子，她選擇做了兩年的全職媽媽。孩子年紀稍長，她既想貢獻自己的力量，也想照顧孩子，開始思考人生的下半場應該做些甚麼。直至朋友轉職做保險，邀請她了解，讓她明白保險行業與人生規劃有一定關係，保障了更多人的退休生活，讓她更清晰人生下半場的意義。

無論有沒有「大單」，Mindy 亦會努力朝目標進發。

除了有自主時間、穩定收入外，Mindy 享受最深的，就是透過保險工作，真正走進別人的生命並改善生活。善良的她，曾為非牟利機構籌款，身邊有不少朋友從事前線工作，幫助世界各地有需要的人，當中有住在貧窮國家的、受疾病之苦的。因為這些人員的幫助，他們得到了紓緩。可是她卻發現，捐獻者很多時要求減低行政款項（包括這些前線人員的薪金），使得有心有力付出的人，往往得不到保障，特別是退休以後。她的其中一個願望，是希望這些有心人，可以無憂地為世界有需要的人，貢獻自己的力量。保險事業的專業知識及她的行動力，是成就這願望的 契機。Mindy 入行初期身體力行，把賺取的佣金支

自主時間可以讓Mindy有更多時間照顧家庭。

Mindy獲得理財顧問大獎。

持了一份儲蓄保障給她的前線好友，幫助他們退休安排。Mindy 盼望可以透過工作，日後支持更多宣教士及前線服侍人員，同時讓更多人關注他們的的生活和退休需要。

100 萬大單的背後

Mindy 擁有多年的市場推廣經驗，入行後工作也不算困難。Mindy 的銷售經驗較淺，但她的親和力往往能讓有能力的人信任她。總是有人會主動問她關於保障、儲蓄的事，讓她分享她的觀點，繼而成交。其中一次，客戶直接問她安排年繳 100 萬的儲蓄保障。因為客戶擔心將來不明朗的因素，最後以個人的原因，在保單冷靜期的最後一天，客戶選擇了退保。

100 萬的生意，成交了，最後卻失落了，影響比這 100 萬從沒出現更大。很多人面對這樣的打擊，也許會信任不足，甚至一蹶不振。Mindy 坦言，她確實有失落的時間，但維持不久。信仰，給了 Mindy 帶來力量，讓她知道眼前的問題，只是一個挑戰，了解自己要繼續前行。如果 1 張 100 萬單存在風險，那麼便試做 100 張 1 萬的單。風浪加速了 Mindy 的成長，重新振作的她定下了 100 張保單的目標後，帶着一種無比的動力，推動她在短短幾個月內尋找更多客戶。

疫情下，很多人明白到生命的無常，願意為將來作出準備。結果，全年保單數量比去年上升了一倍，而 Mindy 的銷售技巧，也在短時間內大大提升。更具意義的，就是自己的工作能夠觸及更多的家庭，影響更多的生命。

再一次的 100 萬

　　得時不得時，都心存感恩。幾個月後，Mindy 又遇到一次 100 萬保單的機會，客戶需要一份醫療保障及儲蓄融資，但過程中，已有疾病令客戶的醫療保單無法批出，客戶做儲蓄融資的保單的動機失去了，也意味著她有可能再次失去 100 萬生意額。儘管困難和風浪再次來敲門，此時的她，信仰就是力量的泉源。Mindy 告訴自己，有了神的恩典，應當一無牽掛，凡事藉着祈禱，神會帶領自己走出事業的低谷。

　　有了神賜予的力量和支持，Mindy 積極和團隊研究應對方法。最後，以專業的分析及誠懇的態度打動了客戶，最終客戶明白到雖然自己未能擁有醫療保障，但也希望為將來的龐大醫療使費作出儲備，所以決定不退保，如願地讓這100 萬保單成交。

將自己的經驗傳承予團隊，也是 Mindy 的使命。

5 年後的保險教練

　　經歷擁有、失去，再回來。Mindy 初入行的時候，她為一位朋友重新整理醫療和危疾保障的安排。在疫情中，朋友患上癌症，她協助理賠索償及陪伴治療，朋友透過保險可以獲得全數醫療賠償，及得到一份危疾金額，遞上支票的一刻，她深深體會保險的意義及工作的滿足感。

懷著信仰，Mindy 無懼高低起跌。

由心的關懷，不止是客戶感受到，也讓她的團隊感受到感染力的強大。保險事業可以兩條腿走路，除了個人生意，也可以建立自己的團隊。優秀的顧問，都渴望將自己的經驗能夠傳承下去。對 Mindy 而言，固然可以傳承她的耐力、逆境智商、專業知識，讓更多人受惠。

而在建立團隊的時刻，更是一種動力，讓自己磨練自己專注力、執行力。Mindy 深明系統管理的重要，發現子彈筆記是很好的入門點。「子彈筆記」是一款幫助區分任務的輕重緩急，有效管理時間、組織化生活、提高生產力的筆記系統。在使用的過程中，讓她經常記得自己清晰的目標、所需要執行的行動，自己亦透過當中追蹤檢討。

曾經有人問她：「Mindy 你 5 年後成為怎樣的領袖？」對她來説，不是年薪多少，也不是團隊人數多少，而是她能將自己行業的經驗與知識，有系統地傳承下去。

透過「子彈筆記」的系統，幫助同事包括她自己建立良好的習慣，並讓更多人受惠。使得她學會了的，不只自己做到，連團隊甚至更多人都用得到，一起進步。

保險從業員的生涯往往都要經歷高高低低，天色未必常藍，但靠神的力量，面對種種挑戰時，保持無畏專業的態度，腳踏實地做對的事，配合良好的管理系統，可以在行業中榮神益人。

Mindy 盼能成為一位以子彈筆記作工具的教練。

> 善良最柔軟力量，
> 真誠最打動人心。

◆ 小檔案 ◆
入行2年已獲 MDRT 資格，
並獲得 OYSA 傑出青年推銷
員獎五強、IDA 國際龍獎、
APFINSA 亞太區壽險理財
大獎、LIMRA 國際產能獎
IAP、LUA 傑出新星獎銀獎
等獎項。

提升自我影響力的 4 個方法

每個人，不論是好的還是壞的，都會對他人造成影響。Yuko分享出
提升自我影響力的4個方法，使大家更容易交朋友、做生意。

1) 確認自己有影響力

我們要相信自己是具有影響力的，能夠對他人有正面影響。提升
影響力的第一步，不是做些甚麼，而是相信自己可以影響他人，
甚至代表自己的公司、團體、專業而影響他人。

2) 定位想自己影響人甚麼

當我們了解到每個人都有能力影響身邊的人，我們便要定位，
想想我們想要影響他人甚麼。是正能量？知識？還是在他人傷心
失意時支持對方，重拾信心？這與我們的天賦、能力有莫大關係。
認清自己的能力與特質，將之放大發揮，自然能影響他人。

3) 堅定發揮自身價值

在付出的路上，有時候我們會遇見更具影響力、更有能力的人。
我們未免會覺得不足、失意，有懷疑自己的時刻。此時更需要的是
堅信自己有能力、有影響力，並將焦點放在如何繼續發放自己的力量，
你們發現身邊還是有人受你影響。從一小撮，擴散得愈來愈多。

4) 留意身邊支持自己的人

想要有影響力，固然想支持他人。同時要留意我們也需要被他人
激勵與支持，這是相輔相成。我們發放不同的能力與能量，同樣
也需要從他人身上吸收知識與支持的能量。留意身邊有誰在幫助
自己，集合大家的力量，影響力自然更大。

從個人到領袖思維
Yuko Wong 黃玉茜

大學時代，已做兼職自給自足，照顧家人的Yuko，既想
實踐自己的夢想，也希望能帶給家人有足夠的生活水平。
大學時因機緣與一班朋友在保險公司從事客戶服務兼職，
有天朋友詢問她轉職前線的意見，Yuko認為想要有好
收入，理財顧問是個好出路，鼓勵朋友嘗試，不自覺埋下
了她成功的種子，亦打開了她領袖思維之門。

打擊讓人尋夢

Yuko 如願地實現空姐夢，卻入職不久遇上 Covid-19，令她思考真正的追求。

　　大學畢業後，Yuko 開始了她的夢想之旅，成為一個空姐。為了圓夢，Yuko 願意花時間學習不同的知識，做好準備，協助自己實踐夢想。因為她認為能夠到處去飛，見識不同世界，並能在機艙中讓客人安心，陪伴他們走一趟旅程，是美好的事。

　　2019 年 12 月，她終於投考空姐成功。這不是容易的路，從面試到入職總共經歷了 10 個月。可是才開始幾個月，Yuko 的空姐生涯便接二連三的受到打擊。先是現實與夢想的距離，讓她思考在飛機的緊迫時間，能否真切地有時間了解客人，將服務做到位；二是航空業的升遷機制，是否能讓她到處飛的同時，有足夠的資源照顧家人；三則是⋯恰巧當時面對著 Covid-19 疫情來臨，Yuko 如同所有航空業同事一樣，面臨停工的困擾。

　　種種打擊，讓她重新再思考，對自己而言最重要的是甚麼。這時一位她大學兼職時的朋友，成為了優秀的理財顧問，並為了感激她當時的鼓勵，邀請她了解保險行業會幫助她達成夢想。當時的 Yuko 不曾想過自己會從事前線銷售，在她的印象裡，理財顧問需要雄辯滔滔、外表醒目。自問自己不是那樣的人，不曾想過與她有關。

　　只是盛情難卻，Yuko 抱著多了解一個機會無妨的心態看看。才發現顧問的工作除了銷售，更重要協助他人做好理財規劃，給予他人充份的保障，以誠意與專業打動，而不是以口才致勝。向來相信保險的她，對顧問的工作有更深的了解，只是還在考慮。這時上線經理對她說了一句：「單親的小朋友，

不會在這行做得太差。」此時 Yuko 兩行眼淚直流，因為想要給家人有好生活的動力，她決心做好這工作。

入行後 Yuko 很努力，亦解決了很多心魔，成為一位專業的理財顧問。當初對「銷售」的迷思，也因為團隊的支持和教育而解決。她變得敢於向身邊朋友表達，開門見山地邀請了解理財資訊。團隊教她：「今天你做生意，開一家魚蛋粉店，而這世上確實有人此刻想吃魚蛋粉，也有人不需要。店主的責任，是讓周圍的人知道這兒有一家很好吃的魚蛋粉，當你有需要時，找到這裡來。」

努力、堅持、學習，配合著團隊的幫助，Yuko 很快如願以償。疫情讓她失去一個夢想，卻打開了另一個可能性，了解自己最重視的人和事，並找到一個可發展的平台。

領袖帶人尋夢

Yuko 入職時，正值香港正受到 Covid-19 侵襲，很多人認為這對於保險行業來說是一場寒冬。但對 Yuko 來說，她入職的環境已是如此，身邊的「師兄師姐」也一樣做到，跟著軌跡走，同樣戴著口罩見客、於 Zoom 見面，在公園簽單是

獲得OYSA，因為身邊有支持她的人。

065

平常事，沒有感到甚麼障礙。她的經理總是
對她說：「只要有準備，機會自然來。」

而帶給 Yuko 的機會，不止是業績與客
戶的信任，還有「傑出青年推銷員」（OYSA）
比賽的機會。一天她收到經理的電話，説推
薦了她參加 OYSA 的比賽，讓她好好準備。
因為她的經理亦曾勝出這個比賽，Yuko 認
為她的經理是個對任何人都有能力做好銷售
與服務，了解每一個人需要的優秀顧問。因

只要敢想、敢夢、敢擔當，
你終可獲得你想要的。

此 Yuko 非常渴望勝出這個比賽，成為如經理一樣優秀的推銷精英。

當她努力備稿，改了又改，準備出自己認為最好的講稿，天上淋下一盆
冰凍的冷水。陪伴她比賽的前輩説：「這份演辭很好，如果我是客人我會買
單，但比賽則很容易會輸。」當時的 Yuko 不明白，為甚麼自己有好的理念、
有好的説辭，但在比賽會輸掉，需要重新修改？這份不明白，讓她一度打算
退出比賽。

經理總告訴她：「只要有準備，機會自然來。」

幸好身邊有一班一同參加比
賽，或是曾經比賽過的公司同事，
充當著教練的角色，了解她的疑
惑，耐心解釋。才讓她明白原來她
一直以來，以自己的角度，想告訴
他人保險、理財有多好，卻未有發
現如何讓對方「打開耳朵」。正如
比賽中，如何吸引評審的目光，才
是更重要。

一班與自己只是同公司，卻毫不相干的人，會如此花心思幫助自己，讓 Yuko 打開了新的世界。也讓她有更大的動力要做好準備，將最好的一面展現於比賽舞台。最終她獲得了五強，成為傑出青年推銷員。這一刻，所有為她而喜悅。她終於明白領袖是甚麼一回事，這個啟發，比獎項更重要。

想照顧媽媽和姐姐，成為 Yuko 的動力。

領袖，在於如何讓他人成功。相信對方，接納對方的一切，並從旁協助。當他／她成功時，比自己達成夢想更快樂、滿足。也讓 Yuko 決心協助更多人完成夢想，成為影響他人的貴人。

優質自主的生活，因為選擇了對的平台。

投保簡單，理賠容易；
　　做好規劃，富足一生。

◆ 小檔案 ◆
超過30年保險事業經
驗，並獲得MDRT終身
成員資格（業界精英指
標）。 過往4年亦擔任
GIEB 榮譽培訓導師，
為公司Priority Agent。

讓生意持久成功的 4 個成功之道

一次的成功只是一時，如何讓生意持久地成功。Polly 以30年的經驗，綜合出成功之道分享給大家。

1) 熟練產品、優質服務

產品是生意之本，了解產品的特性，時刻學習與了解公司產品如何能協助客戶。並幫助客戶提供優質服務，帶來專業以外的價值。能讓客戶記得你，讓生意長做長有。

2) 為客戶解決問題

優秀的銷售精英，不止會熟悉產品，提供優秀服務。更重要是能夠為客戶解決不同困難。人總是會渴望解決難題，擁有不同資源解決困難，客戶在任何時候都會記得你。

3) 建立廣泛人脈

人脈是最重要的資產，他們不止會有機會成為你的客戶，認識不同的人能在客戶有需要時，設身處地幫助他。參加一些商會、把握機會認識不同人士、協助身邊的人，也能廣泛建立人脈。而當你解決他人問題時，客戶亦會長期信任你。

4) 保持工作狀態與習慣

環境能夠改變我們的行為與習慣。無論任何情況，例如需要在家工作，穿戴整齊地工作，會更容易投入，並讓生意更加持久。

做人的生意
Polly Chiu 趙惠歡

能夠在一個事業中發展超過30年，建立起不錯的成就，並將自己的知識一直承傳下去，是不少人的夢想。Polly 在讀書時做過不同工作，最後還是覺得「人」的工作最適合自己，而在多種與人有關的工作中，覺得保險事業與她最契合。運用這項專業，她發現只要你一直利用專業與人脈幫他人解決問題，人們就會成就你的事業與夢想。

見證保險金融30年

Polly 入行以前,曾經做過 8 份工作,從為老人院護理老人家,到於中環置理廣場工作,看著光鮮的人走過,Polly 在年少時已感受到不一樣的世界。90 年代,她每月已經賺取超過 10,000 元。發現從事銷售,能夠有不錯的收入,也能與人有所交流,打開了發展銷售之門。

2000年代Polly受邀到不同公司講解企業管理方案。

因為父親患上癌症而未有買保險,需要自付高額的醫療費,Polly 曾經長達兩年都將收入用作還款。讓她知道保險原來能協助她避開風險,使他人毋須再經歷那份壓力。所以當她有機會了解這個行業,覺得這工作既有意義亦能賺取理想的收入,便毅然加入,一做便是 30 年。

30 年,香港社會亦變遷了幾個時代,保險業作為金融市場的其中一個重點,自然更加變化萬千。Polly 在入行之初,經濟正在起飛,很多人開始明白保險、儲蓄的重要性,只要把握著機遇,成功並不困難。踏入 2000 年代,政府推行強積金,加上當時環境亦開始盛行企業一般保險(GI),社會對保險接納性更強,對保險產品與顧問的要求亦更高,使得有心經營的顧問有更多的機會進步與向上爬。

然後踏入 2010 年代,Polly 見證了國內市場的需求與蓬勃。香港的金融產品,在國內取得非常好的口碑,她亦看到不少同業專注在國內市場發展。不過對 Polly

年輕時的Polly已喜歡服務他人。

疫情下，Polly 與其他同事組織起 Super Marvel，互相支持。

來說，香港始終是根基，這十年來的她，總是中港兩邊走，認為國內市場龐大應該要多加發展，同時也不忘本地要照顧好香港的客戶。保險始終是人的生意，而且一旦成為代理與客戶，關係則是長久的，即使辛苦一點也是值得的。

30 年來，Polly 專注於她的專業，為客戶提供不少在保險上的協助。從理賠到策劃，甚至與不同的商界人士交流，共享資源，替朋友們解決事無大小的問題，讓 Polly 在保險行業上站穩根基，一次又一次取得 MDRT 的資格。

疫情更見團結

也許再多的經驗，也少見香港在過往幾年間，面對從未經歷的難題：疫情。2020 年起，香港經歷了長達 3 年的疫症。病毒當然可怕，更可怕的是香港人面對足不出戶、經濟接近停頓、內地與各國亦封關無法往來的種種壓力。

Profession of the Year
GIEB

Years of MDRT
Years of TOP GIEB Producer
GIEB 榮譽講師
Priority Agent
入圍天使

Polly Chiu
GIEB
榮譽講師
2020

PRUDENTIAL
英國保誠

Polly 連續4年擔任公司的GIEB榮譽講師。

Polly 也感受到那份壓力，3 年間國內的生意無法繼續，國內 9 成生意停擺。只是 Polly 認為反而在這個「艱難」時刻，她看到了同事們最團結、最溫暖的一面。這段時間，無論是否自己的團隊，Polly 與同事們都找不同的方法，保持大家的熱情與工作

狀態。他們組織了 Super Marvel 小組，集結起經理們的力量。例如小組見面、邀請同事、伙伴以及外來嘉賓於網上分享法律講座、退休講座，以及產品培訓等。大家的力量，讓業界內無論新人舊人，都有著一股衝勁，敢於面對眼前的難關。

自身狀態的調整亦非常重要。Polly 認為時刻保持工作狀態非常重要。因此疫情下即使在家工作，她都會穿戴整齊地工作，保持最好狀態。疫情間無法外出，她有更多時間聯絡更多香港客戶，30 年來儲起來的客戶也有不少，以往她經常中港兩邊走未必每位客戶都有充份時間深入了解。現在卻給予了充足的時間了解客戶需要甚麼，並運用她的專業，提供最好的答案與選擇。

Polly 感嘆從事保險事業，團隊支持是非常重要。人不可能熟悉世間上所有的事情，特別是 Polly 習慣成為他人萬事通，甚麼問題都會向她請教。保險上的專業她能夠回答，就連生意伙伴上的對接、保險以外的專業，她也會盡自己的人脈與能力，替朋友與客戶提供協助。畢竟她是全香港第一位

今年是Polly從事保險行業的30周年，特製手造曲奇送給朋友與客戶。

BNI（國際商業交流平台）的女會員，理解生意上互助的力量才是最大的。而在疫情中，這種互助精神更加顯著。

憑著她繼續的努力工作與堅持，疫情下香港的生意也足夠彌補因封關而未能簽單的國內生意損失，再次取得 MDRT 資格。

滴水可以穿石 細單可以成金

經驗是細水長流地累積，客戶也是。Polly 除了時刻願意解決客戶的問題外，也很積極成就一般保險。保險事業多會分為三個層次的收入，包括個人保險、團隊收入，以及一般保險。不少從業員也會聚焦於前兩者，卻忽略了一般保險的影響力。正如很多銷售人員，總會聚焦在佣金較高的產品。而保險行業更可以雙線發展，管理團隊以增加收入。可是有否想過，佣金未必太高但容易入門的產品，是認識客戶的敲門磚，也是替客戶解決最貼身問題的解藥。

Polly 每年都會簽下 50-100 主要保單，而一般保險她則可以每年簽下達 500 張。單是 GI 的營業額，已高達 170 萬以上。成績卓越得被公司評為「優先代理人」（priority agent），並成為公司 GI 的榮譽導師，將她卓越的專業能力與獨特經驗傳承下去。

勿以小事而不為，在保險事業中，有著 30 年基礎大可以安心休養。但Polly 還是堅持保險業的熱心，在事業中發熱發亮，將經驗傳承下去。

> 不為失敗找藉口，
> 只為成功找方法。

◆小檔案◆
2020-2024連續5年 MDRT資格（業界精英指標）、2020-2024連續5年 IDA 國際龍獎、IAP 國際產能白金獎、IQA 國際卓越品質白金獎、GAMA 新晉經理獎以及 GAMA 經理管理發展銀獎、DYMA 傑出青年人壽保險經理大獎、MTA 卓越誠信顧問大獎等不同獎項。

建立網上個人品牌的準備

不少人覺得，某些行業做陌生人市場很難，例如保險。嘉俊憑著經驗，掌握了一套網上建立個人品牌方式，做好以下準備便能安坐家中迎接客戶來臨。

1）個人卡片

要別人認識你，需要的是一張簡潔易明的卡片。在這個科技年代亦需要一張數碼卡片或個人網站，讓他人認識你。卡片或網站上除了有名字與聯絡方法，亦需要專業相片與簡單介紹，如工作性質、獎項等少不得。這是在陌生市場中的第一形象。

2）建立吸引的內容

在網上世界需要在短時間內引起對象對你的產品與服務產生興趣，靠的是有趣、吸引的內容。特別在網上世界，客戶瀏覽廣告帖子的時間只有零點幾秒，想出一個具吸引力的內容至關重要。

3）具親和力的銷售話術

快速打破陌生的隔閡，靠的是待對方如朋友的親和力。而銷售技巧話術，需要經過不斷磨練才能讓對象於短時間內了解產品與服務怎樣幫到自己，繼而買單。

4）對反對的回應

面對網上及陌生市場，少了時間建立信任，客戶的反應亦會來得直接。這亦是個好時機了解客戶反對、未成交的原因。事前做好準備，練習回應反對與抗拒，能解決客戶的核心問題，成交自然水到渠成。

網住客戶心
Kelton Lo Ka Chun 羅嘉俊

如果有天，上天將你眼前都路都堵住了，你會有甚麼感覺？
沮喪？失望？還是向天指罵為甚麼連一絲可能都不給予？
而嘉俊的選擇是，走一條別人不走的路，創出一片新天地，
而這片天地在網絡之上。

心不死就有出路

眼前的青年，談吐得體，從容淡定，娓娓道來自己的經歷時，一開口卻指自己曾經有社交障礙。少年時不敢與人溝通，甚至要找社工。很難相信過去的嘉俊是個怕生埗的人，他卻告訴你正因為曾經不敢面對人，經歷過以音樂協助走出世界，才明白與人溝通是可以舒服快樂的事。

對嘉俊而言，生活總是如此。也許經歷過難題，才明白得到的可貴。一如他年輕時已渴望找一份穩定的工作，練好體能努力學習，準備好投考紀律部隊，才發現自己身患色弱與地中海貧血，注定無論多努力亦只會被拒之於門外。

路被堵了，只能繼續尋找更多可能。當他發現了保險行業只需要靠努力與專業，便能夠得到他想要的，他便決定入行，入行後很快簽下了十幾張單，以為路開始順暢，卻在 21 天內全部「斷單」。一般人面對這種打擊，很可

嘉俊的創意與努力，讓他保持佳績。

感恩上線經理亞邦與 Katherine 的支持，在事業路上遇上難關亦能迎難而上。

能已經打退堂鼓，覺得自己不適合。嘉俊則選擇堅持學習，繼續走他的路。

保險行業除了個人生意，也可以建立團隊，同樣嘉俊在 9 個月之間招聘了 8 人，破了記錄於短時間內成為經理，卻因為年輕經驗不足、不懂得管理，團隊所有成員在 1 年間全部離開了公司。又一次的打擊，讓嘉俊思考自己的路該如何走下去。同樣，他沒有選擇放棄，堅持走上保險這條路。因為他知道不是行業的問題，只是他還未找到適合的方法。

2019 年，25 歲的嘉俊決定成家立室，作為一家之主，他更希望自己要努力工作。這時他遇上他人生的伯樂，讓他選擇一家新的公司與團隊，希望與同樣志向、相約目標的伙伴共同前行。他決定要在一年後，即 2020 年 11 月 6 日送太太一份獨特的周年紀念禮物：取得 MDRT 資格，並意味成為業界精英。

將危機化為商機

立定志向要在 1 年之間取得 MDRT，嘉俊加入新的團隊後，準備重新起步。卻遇上一隻命為 Covid-19 的病毒，在 2020 年間肆虐。這病毒令人聞風喪膽，亦讓一眾理財顧問的路難行。習慣在外邊認識新朋友的嘉俊，無法用舊有的方法做生意。前路又再一次被堵，卻同樣堵不住堅持達標的決心。那時候網上銷售渠道興起，只是在保險行業很少使用，大家都覺得與行業無關。

因著事業的成功，讓嘉俊有資源能加入香港壹廠飄移車隊成為業餘賽車手。

嘉俊看準了這個商機，決心在這方面鑽研。他先是在疫情間不斷找網上老師學習，了解如何能在網絡上做好生意，並將本來比較適合零售的系統，配合著他的保險經驗，轉換成保險專用的方式，吸納不同的客戶，從而成功簽單。

　　網上的銷售世界能夠不受疫情所影響，甚至因為疫情，客戶都往網上尋找資訊及購買產品。因此在嘉俊實踐網上系統的第一個月，他已成功找到了客戶並成功簽單。隨著不斷學習、磨練與優化，他靠著網上系統，真正只需安坐家中，讓客戶自己找上門，並成就了他所想要的，亦在結婚一周年的當天，他收到了獲得 MDRT 資格的通知作結婚紀念禮物，兌現了他的承諾。

成功在於面對質疑仍堅持

　　從無到有，一個網上自動的吸客系統，彷似很美好，為嘉俊帶來了新的一頁。他的成功，讓不同的保險公司亦邀請他開班教學，然而他亦坦言，要在網上成功不是容易的事，當初面對過很多質疑。

有位能幹的妻子，是嘉俊努力的動力。

傳統認為，保單需要靠信任，即使做陌生市場（Cold Market），也需要時間建立關係，在網上難以做到。在網上世界要做到成交，的確需要更多準備、更多練習與心態上的調整，這需要決心，願意學習才做到。可是保險事業不也一樣嗎？他需要有追求的人，願意跳出舒適圈學習，就能得到好成績。網上銷售的世界亦如是，他人看到的是市場有多難，嘉俊看到的卻是香港人的消費習慣近年已有變化，他既需要有一個到位、客觀、專業並能解決切身問題的顧問。

嘉俊用自身的經驗，證明網上銷售系統在保險業界的可能，也渴望將他所吸收到的經驗傳承下去，協助更多人成功。只要肯走，便有路走。正如他另一個身份：業餘飄移賽車手，靠著實力與能力，以及團隊合作，即使風「飄」，亦能移得快而穩，繼而致勝。

團隊建立亦是嘉俊的重點。

◆ 小檔案 ◆

認可財務策劃師（CFP）、認可兒童財商導師，2018年入行至今每年均獲得MDRT資格（行業精英指標），同時屢獲不同獎項，如國際卓越產能及品質獎等，現被公司委任為優秀人才培訓師。熱心投身於不同社會及義工服務，如2021年擔任城市女青年商會會長、2023年十大傑出青年選舉司庫、2022-24年擔任香港女童軍港島區地方協會執行委員等。

" "

盡全力，
　　聽天命，
　　　隨遇而安。

4 個小技巧讓你更易管理時間

上天公平的給予每個人24小時的時間，只是如何運用則交由人自己決定。掌握更好的時間管理，生產力亦會更強。JoJo的4個小技巧讓你使時間更好用。

1) 提前計劃

"If you fail to plan, you plan to fail". 時間不管你有沒有計劃使用它，它都會流走，所以更需要提早安排。現今社會每人都有千萬樣要處理旳事情，行程表塞得滿滿。預先計劃好1-2星期的行程，讓你有足夠的時間做好規劃。

2) 將不同範疇融合

將不同範疇的活動與工作結合，重疊時間，一箭雙雕，便能更有效運用時間。例如想和客戶朋友相聚，亦需要陪伴子女，不妨多舉辦客戶和朋友之間的家庭聚會，既可享天倫之樂，又可和客戶好友聚舊。也可帶同小朋友出席公司團隊和商會活動，既可盡職責本分，亦可和小朋友相處，同時亦可增廣小朋友的見聞及加強他們社交技巧，善用時間達到多重目標。

3) 適當時安排人手

我們並不是孤身一人，身邊亦有很多人可以幫忙。特別是以團隊合作為主的工作，適當的工作可以交由他人，互相照應。團隊裡可以設立不同部門，群策群力。家庭分工方面，專注做好自己擅長的部份，將不擅長的交託擅長的人，分工合作，更具效率。

4) 增加時間彈性

時間如一個大樽子，若先將沙石（瑣事）都放進去，填滿後大的石頭（重要事情）都放不進。反之若先定好了事情的時間，其他瑣事才填滿之間旳空間，會更有效率。特別是靠著科技，很多小事都可以用碎片化的時間完成，例如在車上覆訊息、查資料等。要做的事情很多，善用「樽子哲學」，便可以完成多個項目。

越努力越幸運
JoJo Leung 梁凱瑩

旁人看到JoJo，總會認為她是幸福的人，一家四口樂也融融。從小讀書成績優異，會考滿分提早一年入大學，學生時代當過中學學生會會長、同時兼任不同的課外活動主席和籌委。長大後於大銀行裡工作，三十歲不到已管理團隊。轉戰保險行業，第四個月取得MDRT。她是「幸運」的，但幸運背後全因她願意花努力在她的天賦之上，擁抱挑戰，創造可能性。

受丈夫對工作熱誠的感染，JoJo亦加入保險行業創造自主人生。

天之驕子的背後

　　2018 年，JoJo 從人人豔羨的商業銀行管理層，轉戰保險市場。因為身邊的另一半從事保險業，讓 JoJo 看到行業的彈性與自主，更貼近她追求的理想生活。以往從事銀行業，雖然面對客戶，但更多時間面對文件。她見證著丈夫不斷為身邊的朋友做好理賠，感受到這個行業對每個家庭切實的幫助，於是決心走進人群堆中，成為盡責優秀的理財顧問。

　　JoJo 一向喜歡與人交往，也喜歡籌辦不同的活動，更希望有時間貢獻社會。而這三者在理財顧問的工作上，都能充份運用到她的天賦。

　　入行後 JoJo 將自己變了一塊吸收知識的海綿，不因以往銀行知識豐富而怠慢學習，反而更加積極吸收不同層面的知識。保險業是一門可廣可專的

行業。上至遺產信託、下至理財規劃，醫療危疾亦會涉獵。JoJo記得入行初年，行業要求每位專業顧問最少上 10 小時的持續專業發展課程，當年她雖懷着第一胎，卻足足上了 50 多個小時課程，為的是使自己變得更專業。

JoJo 現為公司優秀人才培訓師，任教 CPD 及不同新人課程，以她的知識及經驗繼續成就他人，讓更多人發光發亮。

　　幸運兒的背後，是努力的汗水，以及天賦的運用。JoJo 坦言保險業對她而言是輕鬆的，因為很符合她的性格，如魚回到大海之中。慶幸當時魚沒有滿足於活在魚缸，勇敢地跳出舒適圈，努力向前游，游至更廣闊的海洋裡。

面對困難的態度，往往就是成功關鍵

　　2020 年 2 月，香港經歷不曾遇見的疫症，市面幾乎完全停頓，人人都怕著外出。JoJo 的大女當時只有一歲多，肚裡還有另外一個小生命。也許叫人迷惘擔憂。可是 JoJo 只思考「有甚麼事可以做」。疫情的感染的確可怕，卻無可避免，能夠做得是增強自己與家人的抵抗力。畢竟任何病毒都是跟身體的免疫力博鬥。

　　疫情下，JoJo 依舊會外出見客，只要不脫下口罩，避免共同

JoJo 喜歡學習，當時懷着小孩仍一邊工作一邊完成香港科技大學工商管理碩士課程。

進餐便可以。過往的種種領袖訓練讓 JoJo 知道，高格局的人不會避開困難，也不會自怨自艾。當你不當難題是一回事，它自然甚麼都不是。需要做的，就是盡力做好可以做的事。

能力出眾的 JoJo，經常受傳媒邀請訪問。

一個敢於追夢的在職媽媽

2020 年她懷着第二胎，縱使疫情嚴重，但因為她的堅持，高速地再次以 4 個月便完成 MDRT 資格，並在 5 月開始籌備競選青年商會的分會會長。2020 年 9 月她頂著 8 個半月大的肚子在會員周年大會發表競選演辭，被台下的會員問到為何大肚還有勇氣競選會長，肩負繁重的工作，這個 timing 合適嗎？JoJo 的回應是：「這個世上沒有最好的 timing，只要你決定開始，那一刻便是最好的 timing。」這句話至今仍為人津津樂道，亦啟發了不少人。她完美地展示一個在職媽媽，如何仍能心口有掛個勇字，繼續突破自己，敢於追尋自己夢想。

到 10 月，她剛成為候任會長不久，女兒亦出生了。她完成坐月後，便在

2021 年 1 月正式上任會長。時間彷彿真的被無縫安排妥當。

用心做對的事

疫情的幾年，環境變得困難，JoJo 卻肩負更多重任。個人生意、建立團隊、兩個女兒的教育、社會服務裡會長的工作，甚至亦成為女童軍的執行委員，還有繼續服務其他非牟利組織。疫情，不會讓困難消失。多了幾重責任，代表面對困難也多了幾分。只是她選擇的是堅持學習，將著眼點放在「可以做的事」，而不是「眼前有多困難」。疫情非常嚴重的時候，她亦經歷過只能在家，無法見客的時候。她便調整心態，將自己靜下來看看有甚麼可以改善，調整解說方法，增進專業知識。當環境稍好時，客人願意見面她便有更多專業的解說、對客人更有用的知識分享。

戰友就是一同努力工作，一起玩樂。

當世界停頓，你願意堅持，身邊的人總會看見。「越努力，越幸運」是留給肯努力和付出的人，這在 JoJo 身上完全展現出來。只要用心堅持做好每件事，無論是客人、幫助你的貴人，或是助力都會走到你身邊，拱照你成為幸運兒。

◆ **小檔案** ◆

為財務策劃師CFP®、特許財富管理師CWM®、香港大學心理學學士資歷。並獲得5次MDRT資格（業界精英指標），以及2022保協傑出財務策劃師金獎等。同時亦為社企「毋忘愛」義務顧問。

Doing well while doing good.

如何讓客人找上門

不少人覺得銷售是件困難的事，Morris卻說只要做好了4個部份，
客人自己會找上門。

1) 真誠聯繫

銷售的成功，來自「50%的信任 + 40%的專業 + 10%的即時性
（例如優惠）」，只要建立到信任，便成功了一半。而信任來自己
真誠的聯繫，把對方當作朋友，不會因為買單或不買單而有分別，
總是主動聯繫對方交心，對方有需要時亦會找上門。

2) 專業服務

真誠聯繫帶來了信任，專業服務則
帶來了40%的成功機會，加上信
任，90%的客人都會願意找上門，
選取你的服務。專業需要學習和
努力，無論是產品知識，還是市場
資訊都值得留意、學習，將最好的
帶給客人，客人也會感受到。

3) 堅持重覆簡單工作

對於如保險行業、顧問式的銷售工作，
最重要是讓他人知道你的價值與服務。
讓客戶自己找上門，也先得讓客人知道
你做些甚麼，如何為他帶來價值。因此
如常的工作，例如見客，解決客人困難，
仍然重要。

4) 回饋社會

做善事，或回饋社會都是以善心先行，很多時與生意無關。不過
當我們運用自身專業回饋社會，服務更多人時，這份正能量會吸引
更多貴人與客戶到身邊。也許是因為客人看到你的付出而選擇，
亦也許是受你的感染，願意相信你的專業。

身心一致地迎難而上

Morris Lam 林浩恩

做生意、做銷售遇到逆境常有，不過2020年起那「大疫
境」，還是會讓不少人措手不及。Morris的團隊因封關
影響大受打擊，在這幾年間，他同時面對了父親離世、太太
小產等難關。幸好困難沒有擊敗他，反而讓他連續3年獲得
MDRT、考取CFP®（財務策劃師），並確定自己成為他人
的Life Partner，陪伴不同階段的人做好協助與規劃。

疫情下除了堅持做好工作，
更取得了 CFP 專業資格。

幸運源自敢嘗試

Morris 畢業於香港大學心理系。畢業於 2008 年的他，看到系裡的出路多是考取機會渺茫的臨床心理學家，否則便多只能成為通識科教師，或從事有關心理的研究。然而喜歡與人交往的他，還是希望能將心理學知識運用在職場專業上。

後來他遇上了上線經理，被他的一句話說服：「這份工作機會成本低，前景卻可以很廣闊。贏了，便能夠擁有優秀的前景，覺得不適合，也可以當作自己去了一年 Working Holiday 開開眼界」。

就這樣 Morris 入了行，行業中的老前輩總教導，要成功銷售，有一個致勝關鍵：50% 的信任 + 40% 的專業 + 10% 的即時性（例如優惠等）。只要做對了「信任」與「專業」部份，已

遇上難題，2022 年 Morris 更獲得最佳財務策劃師金獎。

經成功了 9 成。加上的 1 成，則靠著有時限性的優惠或客戶的急切性，加速成交發生。

保持學習與專業是每位優秀的保險人員份內事，而 Morris 更會運用商業心理學中的 "Mere Exposure Effect"（重複曝光效應），經常在他人眼前見到，讓對方多接觸自己，從而因熟悉感而提升好感度與信任度。Morris 總會待客戶如朋友，每天花時間作窩心的聯繫，過程大多數也不會談及工作。但發現有需要時則認真提醒，致使客戶都願意信任他的建議。另外他會連結他們的社交媒體，並在社交媒體中發佈日常生活。

憑著 Morris 的專業、努力與親和力，他在保險業的路上「贏」得了一份真正的事業，並建立出自己的團隊。

疫下迎難而上

如一眾保險精英一樣，Morris 在保險路上一邊做自己的生意，一邊建立團隊。他自言自己沒太大特別，卻是幸運的。在香港土生土長，客戶也 99% 是香港客戶，卻因緣際會建立了一支港漂畢業生的團隊。他說的幸運，是因為他敢於做不一樣的事。為了認識更多港漂生，他曾經以 30 歲之齡，到另一所大學裡做迎新營的組爸，陪伴新生玩迎新活動。

時至 2020 年，香港與國內，乃至世界各地面對著強悍的疫症。Morris 的團隊生意大受打擊，致使收入損失了 50%。禍，總未必單行，除了疫情打擊，那幾年 Morris 爸爸亦因肺癌而離開，自己與太太也面對著小產的悲痛。接二連三的打擊，沒有打垮 Morris，反而選擇逐一面對，將經歷轉化成更好的養份，開拓新的使命。

首先是生意上的挑戰。面對疫情的確有不少客戶連外出也不想,難以約見面。特別是有小孩與老人家的家庭,總會有所忌諱。然而從另一角度看,疫情下人人都無法外出,客人反而會多了時間關心自己。Morris 為自己的客人逐一做了理財檢視報告,讓客人了解自己的保障和投資。靠著多年的信任與客戶基礎,當他為手上幾百位客人逐一分析時,有些客人便會發現自己有加單的需要。

　　這時 Morris 以同理心,了解客戶的難題,會想辦法令客人安心簽單。例如只在大堂上講解 15 分鐘,盡快簽署文件離開。也會遷就客人,例如在地鐵站等簽單。努力的結果,讓他在疫情下的 3 年,都能連續獲得 MDRT 的佳績。

　　然後面對了父親的離世,與及太太流產的傷痛。這些經歷讓 Morris 更加明白病患與流產媽媽的難題,決定將自己的經驗與專業融合,幫助更多面對同樣問題的同路人。在疫情下,他與太太合著了照顧重病長者的書,將自己的照顧者經驗、財務策劃專業知識,揉合了太太的心理學博士背景解説,免費送給同樣面對照顧重病長者的人,例如醫護、社工、輔導員,以及照顧者等等。

Morris 的團隊都是有愛專業兼備。

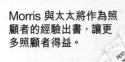
Morris 與太太將作為照顧者的經驗出書，讓更多照顧者得益。

在以照顧者的身份分享中，亦讓 Morris 覺察到，香港很多有心人會推動長者及重病人士的身後事安排，例如平安紙、醫療方向甚至葬禮儀式等意願的表達，卻極少人會為病人，特別是重病長者照顧資產分配。這種專業意見非常重要，因此他開始推廣起重病長者的財務策劃，希望長者本人，照顧者與他的後人也能獲得最好的保障。

因為經歷，讓 Morris 更關注生死教育與天使寶寶。

青年工作亦是 Morris 所關注。

除了長者財務策劃推廣，Morris 亦以天使寶寶爸爸的身份，為同路人作分享。一如他的專業，自身曾經歷過的，無論是成功要素，還是難過的路，都是種經歷，將它們化作養份，陪伴一切的同路人，變成了 Morris 生命中的一部份。

在種種打擊下，Morris 發現自身的經歷與專業，能夠陪伴著不同階段的人。從天使寶寶的父母，到他的團隊喜歡推動的年輕人生涯規劃、理財教育，至成年人的財務策劃，以及銀髮族，特別是重病長者的財務安排，使 Morris 從一位 Financial Planner，成為了陪伴各階段人士同行的 Life Partner。

逆境下，是轉變的機會。Morris 身心一致地面對挑戰，克服困難，成就的不止是業績那麼簡單。

> 忘記背後，
> 努力面前的，
> 向著標桿直跑。

◆ **小檔案** ◆

為財務策劃師（CFP）、擁有法學及工商管理雙學士等專業資格。連續13年獲得MDRT資格（業界精英指標），並在2019及2021年獲得COT（3倍MDRT資格），並帶領團隊連續2年獲得業績冠軍、全公司總生產力團隊第9名。

吸引優質客戶的 4 個方法

市場上滿是優質的客戶，只要做對了 Prudence 帶來的 4 個方法，欣賞你、尊重你並聆聽你建議的客戶會追隨著你。

1) 專業準備

優質的客戶，渴求有質素的顧問。專業的知識與準備，能夠給予客戶到位的解答，協助他們解決問題。特別是理財及保險產品，有足夠的專業，贏得的是客戶的尊重，雖然不是行業必須，但為了更到位服務客戶，Prudence 考獲的 CFP 認證，是全球最難合格的專業資格試之一。

2) 處事認真

認真處事，細心做人，往往能贏得客戶歡心。特別是從事保險等要求度身訂造服務的行業，誠信與平日待人處事非常重要。若是平日做事認真，例如會先了解產品所有細節，確定產品能夠幫助客戶才介紹，細心跟進。尤其是為客戶處理賠償時要體現為客戶竭力服務的承諾，客戶自然會轉介更多優質客戶給你。

3) 做好定位

作為優質的顧問，值得為自己做好定位，同時訂立界線。我們不是揮之則去的傭人，而是有專業知識，協助他人解決問題專業的顧問。對於沒有責任心、並無誠意的人，或是不適合自己的對象，勇敢地訂立界線並放下。才能吸引到真正想要雙贏的客戶。秘訣就是你的專業，使你有足夠的底氣放下不適合的人。

4) 保持 Simple Mind

從事銷售與顧問工作，簡單就是美。太多擔憂只會阻礙行動。難題出現，只因我們將之視作難題。若能不當一回事，並觀察成功人士如何突破，信任上線與團隊教導，視挫折為學習機會，自然能夠成功。近朱者赤，當你正面與成功，被你吸引的，都是優質客戶。

你可以不當挫折是一回事

Prudence Cheung 張敏慈

問題天天都多，如何面對挫折，就是不將它當作一回事，堅持向前跑。曾任多家大公司的 Prudence，靠著各種信念與支持，即使她在疫情期間因為懷孕而臥床 3 個月，仍然能夠做出亮麗成績。

顧問不同 結果大有不同

　　Prudence 剛開始工作，已懂得為自己的未來，特別為危疾需要做好準備。那一年她透過顧問想買一份危疾保，當中申報了一些慣常的小病痛，卻遭到保險公司拒保。更糟的是，那位跟進的顧問，在打電話跟她交待一句後便匆匆掛線，令她感到非常不好受。她疑惑自己的身體沒甚麼大礙，申報的都是常見小病痛，何以保險公司會拒絕她投保？因此她決定找上同一家公司，換個顧問看看。

　　有趣的是，同一家公司、同一類保障，申報了同樣的小病痛，Prudence這次投保非常順利，保險公司接受了她的投保。過程中她的顧問細心跟進，解答公司與 Prudence 不同的問題，盡責地為兩者協調，讓她感受到不同的顧問，原來結果大有不同。而且保險行業的顧問亦可以很專業。

　　當時的 Prudence 從事策略性採購，不少世界五百強的公司也做過。而採購的範疇亦涉獵甚廣。從電纜、房地產、甚至資訊設備與資料庫都有涉獵。工作機會帶給她不同的樂趣與挑戰，經常與不同的供應商商討，作為中間人為公司與供應商磋商協調，擬定合約促使雙贏。採購的工作，帶給她很大的成就感，也有很不錯的薪金回報。缺點則是要她經常出差公幹，有時候醒來都不知道自己身處哪個城市，就連疼

Prudence 疫情下的成績卓越，CEO 親自頒獎。

曾受邀為公司到越南等地演講，分享成功經驗。

愛她的姨姨病危時，也沒有太多時間可以陪伴。忙碌的工作，讓她尋求其他可能性。

直至她的保險顧問邀請她了解保險行業，發現這個行業比想像中更專業，收入可觀、時間自主，讓她有時間空間做她想做的事，例如陪伴家人及進修，促使她轉換跑道成為理財顧問。

疫下挑戰 臥床 3 個月

一晃眼，Prudence 已從事保險業十餘年，每年都能獲得 MDRT 資格，並在 2019 與 2021 年獲得了 COT，即 3 倍 MDRT 的資格。過往採購與大公司的經驗，讓她懂得與不同行業的人士溝通，容易明白客戶需求，協助達成目標。

努力不懈的她，每一年亦簽下超過 100 張保單。坊間以為顧問需要「求客戶簽單」，她卻說沒有一張單她是「求」回來的。擁有工商管理及法學兩個學位的她，既知道市場運作，亦有法律知識，懂得了解合約條文，幫助客戶作出適合的決定。她的朋友、親人都因為她的專業與認真，自動要求成為她的客戶，並介紹更多優質客戶給她。而這些經驗都一一幫助她建立自己的團隊，務求薪火相傳。

疫情下最大挑戰，是 Prudence 懷孕時需臥床 3 個月

做好定位、表現專業，團隊伙伴亦會依隨她並肩前行。

時間轉至 2020 年，疫情讓香港各行各業都經歷了前所未見的困難。特別是 2022 年，香港經歷第五波疫情，每天感染數字上萬人。此時 Prudence 亦遇到她生命中的一大挑戰。

剛剛懷孕不久的 Prudence，被醫生要求臥床 3 個月。面對種種挑戰，她一如以往：「不當挑戰一回事。」人未能下床，她便以平板電腦工作，用 Zoom 與訊息代替。她坦言工作效率比以前還高，因為往時外出見客未必可以即時回覆。現在要臥床，她往往可以運用訊息即時回覆客戶。

至於團隊的管理，她有賴於整個大團隊的互相支持。疫情下，伙伴都各有自己的需要，她選擇讓同事自行按需要調整目標，她的工作則是從旁協助。同時她堅持會實體

無私為公司作 MDRT 培訓導師。

及網上見面雙管齊下，直至第五波來臨才全線轉用 Zoom 等網上工具。她發現使用網上工具，更能觀察到伙伴的反應，伙伴的出席率比往時更高，有更多時間聊工作以外的話題，建立更密切關係。

疫情間，Prudence 還是同樣獲得了 COT 資格，證明方法用對了，不把難題當一回事，因應時勢換個方法繼續保持專業，仍能創造傳奇。

機會留給欣賞你的人

以往工作到處飛，現在 Prudence 出國大多是因為旅遊，體現入行初心，享受自主時間。

專業，得以讓客戶信任。可是再出色的人，都有想辭職不幹的時刻。Prudence 記得初入行不久，她得到了一個客戶轉介，新客戶約她在大埔某家快餐店見面，來回得花上超過 3 小時。可是為了能讓客戶得到服務，Prudence 當然赴約。

出發前她還與客人確認過時間，到了快餐店等了超過 30 分鐘，客人結果失聯。Prudence 唯有打電話給上線經理求助，才傻傻的理解到客人爽約，讓她大感委屈，哭了出來，一氣之下跟經理說要辭職不幹。當下她的經理對她說：「你為了一個不懂欣賞你的人，卻放棄更多已經相信你的人，值得嗎？」讓 Prudence 恍然大悟，記起這個行業賣的是她的專業，她願意為任何階層、任何收入的客戶服務，卻有權選擇欣賞她、尊重她的人成為她的客戶。

Prudence 用自身證明了，定位專業、持續進步、用心服務，懂欣賞自己的人自然會出現，而且遇上任何困難也能化危為機。

"" 所有逆境與困難，
　都是上天賦予的禮物。 ""

◆ 小檔案 ◆

第54屆OYSA傑出銷售專
業大獎&年度最佳銷售人
才大獎得主，亦獲得MDRT
資格（業界精英指標）、
QAA優質顧問大獎及亞太
區壽險理財大獎等獎項。
並於2023年成為傑出銷售
專業大獎培訓導師。

同理心見客心法

同理心強的人，在銷售路上總會太在意他人的想法，比較不會勇於表達，導致銷售成效欠佳。也許是的，但Hanna的經驗能讓充滿同理心的你亦能運用天賦，做好銷售。

1）感受他的處境

同理心強的人能夠感受到對方的處境與需要，可以好好運用這個優勢，拉近距離同時讓對方感受到自己與他在同一條船上，明白他。

2）用自己的故事分享

當了解對方的情況，可以分享自己的故事，拉近與對方的距離。讓對方明白自己真的理解他所遇見的問題，自己也有遇過，並不是孤單一人，雙方產生共鳴感。

3）明白痛點和需要

擁有同理心的人，都能感受到對方的難處，發掘對方痛點與需要，不是為了自己能夠銷售成功，而是從對方出發，想要解決對方煩惱已久的難題。

4）用心設計最適合對方的方案

透過專業的分析，用心尋找如何幫助對方的痛點與需要，你的付出與用心，客戶自然會感受到，亦不會覺得這是「銷售」，而是替他解決問題。

閃出最耀眼光芒
Hanna Lai 黎秀嫻

抬頭望向天空，你想成為最耀眼的那顆星星嗎？儘管你有著想成就閃爍照亮他人的夢想，你又敢相信自己可以嗎？別以為自己很平凡，當人只要從心底裡渴望，你便能成就夢想，成為他人眼中的一顆星。Hanna就是如此，因為想要如前輩們一樣閃閃發亮，她咬緊牙關，力戰至最後一刻，終於踏上閃亮舞台。

夜景的美 可曾屬於自己

Hanna 有著親切的笑容，亦是小美人一個，喜歡做與人有關的工作。在任職理財顧問前她曾經做過全職銷售員、直播帶貨主和高級餐廳侍應。作為一個 Slasher（斜槓族）每天 9 至 12 小時的工作，讓她開始覺得懷疑人生，不禁要問自己，到底上班有甚麼意義。每天辛勤工作，所得到回報卻是只有一萬多元。Hanna 不想虛耗生命在無意義的工作上，煎熬的日常生活，想尋找跳板人生的念頭亦悄悄種下。

未入行前的Hanna，過著直播帶貨、高級餐廳侍應等斜槓人生。

在高級餐廳中，每天對著維港的夜景，看著上流人士用餐。在那裡她體會到上流人士的生活，親手接過了傳說中的「黑卡」真身，然而她內心知道這張黑卡甚至眼前的夜景不屬於她。Hanna 也不禁問自己，如果再努力，可以成為坐下來用餐、享受夜景的人嗎？

也許上天一早給了她答案，只是她不曾真正看到過。有天她還是如常地在餐廳一旁準備接待客戶，疲倦的她望著海景發呆，看到保險公司的廣告燈牌，突然想起曾經有人邀請她了解保險行業，這個行業可以憑著自己的努力，創造無上限的收入。想擁有更多可能性的她，她決定放手一搏，讓自己試試。

堅持目標 全因想踏上舞台

加入了保險行業，Hanna 自問成績不算十分耀眼，卻在這裡認識了很多卓越的人，打開了她的眼界。可是對於追求業界的目標，例如 MDRT 資格，要達到似乎還欠了動力。

有天她的團隊領袖問她，有興趣參加一個保險以外的比賽嗎？那是一個全香港跨企業的推銷員比賽，公司每年都會挑選精英出賽，而能夠進入公司內部甄選資格，必須先成為當年的 MDRT，而以往勝出的，都是業界內的精英。Hanna 心想能夠踏上舞台，向一眾評審展現自己的能力，並獲得業界認可，當然有興趣。為了踏上舞台，她盡全力爭取成為 MDRT，而這一年正是 2021 年，香港正經歷世紀疫症，人們都不願意出來見面，亦對未來信心不足，對於理財顧問來說也是艱難的一年。

為了得到OYSA（傑出青年推銷員）門券 Hanna 拼命爭取 MDRT 資格。

在最艱難的時刻設立未曾試過的目標，她真的可以做到嗎？剩下的時間，她幾乎在每時每刻都在懷疑自己，但她依然堅持嘗試。不斷見客戶，不斷提供專業服務，同時也會收到不同的反應。有人支持、有人鼓勵，卻也有不少是拒絕和「未有需要」。MDRT 是業界的精英指標，代表著那業績確實需要人脈與實力並有才能做到。而 Hanna 相信自己有的是專業，但沒有人脈、沒有關係，更沒有太厚的臉皮。

靠著兩位團隊領袖與團隊支持，
Hanna成為耀眼新星。

　　儘管如此，她還是用心做好每一步，把握好每一個機會。然後…12 月 31 日除夕夜到來，她…還未成功，尚有 10% 以上的業績尚要爭取。這個數字說多不算多，但要一日內發生卻不容易，很多人也許會覺得就此作罷，畢竟要盡力都盡力過。但 Hanna 還是抱有一絲希望，如果盡力都未能如願，那就比盡力花更大力氣，用盡任何可能吧。

　　她打開了自己的電話薄，一個一個地致電邀請，給予一個機會聆聽她的分析，讓她提供意見及方案。她逐個逐個電話的打，也一片一片檸檬的吃下去。下午 3 時，她眼前還是未找到方向，她開始絕望，滿臉淚痕的打給團隊經理說自己不行了。「我真的做不到了，我盡了力，真的做不到。」她付出了很多，可是天還是不從人願，怎麼辦？而她的上線經理，只能聽著她的哭訴，並在電話裡陪伴著她。這時候的她，已經不是需要教些甚麼技巧或指導了。上線經

取得優秀成績後，獲邀將成功經驗傳開去。

理只問她：「你到底有幾想做到？」「很想。」「有甚麼你還是未做的？」她知道，還有電話可以打，還有幾小時可以跑。擦乾眼淚收線後，她繼續堅持打每一個電話。

　　成功人士說，當你很想成功、很專注的時候，你會進入一個叫「心流」（Flow）的狀態，那時候你眼前只有目標，心裡也會有一份不能言喻的快樂感受。那天，Hanna 感受到心流，也感受到客戶願意傾聽她的交流。檸檬雖然多，糖水亦沒有少。那天亦有不少客戶願意聽她的分享，立即做計劃書，

立即簽單。單一張一張的簽，在公園帶著口罩、在車上，甚至有客戶要在除夕夜和伴侶吃除夕晚餐，訂枱時間到了還在樓下繼續簽文件。那是份信任與肯定，並帶著溫暖與甜美。

最終，她終於如願，在 12 月 31 日的疫情天，她成為了 MDRT，並獲得公司內部甄選傑出青年推銷員大獎（OYSA）的資格。同時憑著她的堅持和努力，她踏上了的舞台，並獲得最佳表現大獎殊榮。

閃閃發亮 我可以你也可以

有人說，銷售需要好口才，需要厚臉皮，形象次人一等。Hanna 的經驗正告訴我們，也許我們的確要勇敢點，讓人知道自己的價值。但客戶買的，是自己的那份專業。保險行業，是一個人人都可以閃閃發亮的舞台。Hanna 就是透過堅持與人溝通，運用她的同理心，聆聽對方的需要與故事，為客戶制訂最適合的方案，才能如她的前輩一樣，站在台上。明星很耀眼，而只要你願意，你也可以成為舞台上耀眼且溫暖他人的明星。

閃亮的舞台，Hanna 踏上了並讓他人知道，敢努力總會發光。

> 我不害怕曾經
> 練過一萬種踢法的人，
> 但我害怕一種踢法
> 練過一萬次的人。

◆ 小檔案 ◆
2004年入行，獲16次 MDRT
資格（業內精英指標）。更為
MDRT Honor roll member
（超過15年 MDRT）。2013年
台灣 IFPC 巡迴講師、2015
年擔任保誠 MDRT 導師。

吸引客戶自動簽單的4個方法

能夠讓生意自動來，客戶自動買單仍是有可能。Kris的4個方法，吸引客戶自動為你買單。

1) 展示個人專業

客戶都會有他的需求，展示你的專業知識、經驗和成功案例，為客戶提供精要的分析，使客戶信任你。甚至可以運用專業易明的報告，讓客戶容易明白你的分析與建議，也是種專業，亦使客戶印象深刻，在需要時自動找上門。

2) 善用工具及架構

不同的產品有不同的優勢，當了解手上的工具，無論是產品、服務還是配套如何能幫助客戶，提升專業度以及充份運用公司與團隊的幫助，為客戶帶來價值，亦能讓客戶自然吸引而來。

3) 建立共同語言

如同理財策劃，數字對不少客戶來說是「外星文」。嘗試多花心思，站在客戶的位置思考，怎樣能讓對方更容易理解需要知道的事情（例如產品）、有甚麼欠缺。亦可以用圖像作輔助，建立起共同語言，客戶有更深刻的記憶，自然更快下決定，亦會轉介更多朋友。

4) 行動，然後給由客戶自主決定

要有成交，不是靠催迫客戶。反而是為客戶提供精準到位的利弊分析，然後交由客戶自主決定，客戶會覺得受尊重，感到你正為自己著想，結果也會更理想。

運動化銷售
Kris Li 李明浩

保險理財，講求細心策劃與分析；運動長跑，講求堅毅均速與耐力；銷售能力，講求觀察人脈與目標。三者看似風馬牛不相及，Kris卻告訴你三者環環相扣，配合著他獨門分析方法，讓客戶清晰記得他的專業，即使經歷疫情等高低起跌，仍能成為業界內的長勝軍。

理財軍師

中大畢業的 Kris，從小喜歡理性數據分析，也習慣為家人了解不同財務上的資訊。他因為看到保險與理財的服務，是人人所需，甚有市場。認為很多人不了解這個行業，甚至不少顧問也不知道如何做好服務與分析，當他投身保險業時，已經立志要成為客戶們的理財軍師，用客戶理解的方式，作出最好的分析與策劃，提升行業的專業度。

家人的支持不可或缺。

熱愛運動的 Kris，會以運動比喻銷售。

很多人認為，保險理財是銷售，需要的是銷售技巧。無疑銷售的工作是他們的一部份，但 Kris 認為他們要做的不是以銷售額為首要目標，相反銷售額只是堅持專業服務的反映。熱愛運動，跑馬拉松的 Kris，會以運動作為比喻，運動員會比賽，會有成績。但重點是只要跑好每一步，恆常做好訓練，跑出個人好成績，便成為自然結果。銷售也一樣，做好服務與專業，好成績自然來。服務與專業是因，銷售額只是結果。

亦因此，Kris 會花心思在如何為客戶做好規劃上。他認為每個人都是獨特的，可是需求的保障、資產、安全網亦有其基本的邏輯與規劃。同時他有一個特別竅門，能讓客戶們迅速明白自己擁有和欠缺的是甚麼。那就是：圖像化。

將心比己，誰看到一大堆報表數字都會覺得頭痛。Kris 為了讓客戶更容

易明白，同時建立彼此的共同語言，會將數字化為圖表，並在不同環節加上不同顏色。如此一來，客戶很容易明白，也會有深刻印象。理財策劃師習慣定期與客戶審視他們的資產狀況，客戶很容易會記起自己的資產圖表中，還欠缺甚麼需要完善，更快更容易做決定。

以行動力為目標

作為保險業界的一份子，很自然地旁人會認為以成績作為目標。16 年的 MDRT 資格，讓 Kris 獲得行業肯定，也有很多人向他請教銷售心得。可是 Kris 卻說最強的銷售，是客戶從不覺得是銷售，自然會跟你購買。因為你的服務與產品到位，讓他知道他的需要，如軍師一樣替他分析利弊，最後做決定的，還是客戶他自己。客戶不會有壓力，反而會感謝他的專業。

因此，Kris 的目標不是要做多少業績，而是要做多少份分析報告。他只要求他與團隊，每星期、每月，需要做到幾多份分析報告。有如運動員每天練習多少時間一樣。而慶幸他從事保險業，亦有好的產品作支援。他認為同業值得好好運用保險的優勢，例如保險架構中有三種：個人生意、團隊生意，

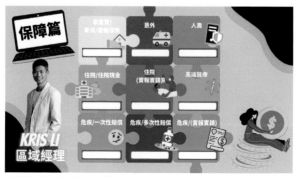

視像化的報告，讓客戶更容易明白。

以及一般保險生意。前兩者不太用說，大家都懂得如何好好運用，反而要懂得多運用產品架構的微小處，例如一般保險雖然金額較小，卻是能有助建立長期穩定的客戶基礎，而且不少一般保險，如家居保、車保等，都是每年續約，也是一份穩定的收入渠道。

　　仍然有練習體操的 Kris，深明專注於練習的重要性，正所謂「台上一分鐘，台下十年功」，體操運動講求動作的完美展示，理財策劃好需要精密計算，這些都是要透過日常大量及專注的準備，體操的技術以及幫客戶的理財報告，都是需要日積月累的付出，才可以達到理想的境界。

以疫境為優勢

　　2020 年開始，香港進入了疫時代，3 年來的疫情，使得人心惶惶。突然的封關，對個人有 3 成內地客戶，團隊有 4 成內地生意的 Kris 來說也是一種挑戰。當逆境來襲，Kris 認為最重要是聚焦在有甚麼可行之處。他認為疫

體操運動講求動作的完美展示，就如理財一樣。

Kris 曾經到訪省隊參與訓練。

對Kris與他的團隊來說，堅持做好理財報告是最重要的事。

情也許對顧問來說是種好事，一來市民大眾對於保障的意識提高了，更加關心自己的資產流向。這時配合著 Kris 的分析圖表，客戶更加有迫切性再做規劃。二來由於封關與不敢外出，迫使人們都只能留在家中，也推動了網上見面的機會。

Kris 坦言，在網上與客戶見面，所能見的會面其實更多。少了車程的時間，時間更充份利用。加上疫情下對自身保障了解的需求增加，客戶都願意為 Kris 轉介紹。使得生意其實沒太大影響，只是形式轉變了。

疫境是逆境，還是順境，端看我們如何準備，有多專業。Kris 認為疫情下就像一場洗禮，促使客戶對顧問的要求更高，回覆的速度亦要更快。如運動員一樣，如若平常有練習，時刻裝備自己，遇到突然的比賽，或是在比賽時遇上風雨，還是一樣能跑出好成績。

「我不怕練過一萬種踢法的人，但我害怕一種踢法練一萬次的人。」李小龍說。而對 Kris 與他的團隊來說，保持想為客戶做好規劃，以理財報告作為目標，堅持在理財策劃的角色上不斷成長，就是成功的原因。

活出夢想，活現豐盛。

小檔案 ◆
曾獲7次（包括2019-2022連
續4年）MDRT資格，同時為
認可財務策劃師CFP、註冊
企業教練RCC、認可兒童財
商導師CCFQI，並擔任保誠
新領袖聯盟創辦人、卓越領
袖課程總監、MDRT導師等。

新入職必知的 4 個銷售技巧

在銷售的路上，新人入職時有很多重要的技巧學習。
若能把握這4個，能夠讓銷售路上更容易走，走得更快。

1) 從 Know You 到 Trust You

要做好銷售，要讓他人記得你、信任你，在他需要服務時會主動找你。
你可以多在活動與社交媒體中，分享自己的點滴，不一定與工作有關，
卻讓人更了解你是怎樣的人。多回應有感覺的話題，例如在社交媒體中
多 like 對方、留言，擁有共同價值觀的人會記得你、喜歡你。
加上定聯的方式，讓他人從記得你，提升至信任你。

2) 定聯系統

不同相熟程度的人，值得以不同的方法溝通。本已相熟的朋友，
可以每星期聯絡一次，保持熱度；一般熟的朋友可以幾星期，
甚至幾個月聯絡一次。這兩類朋友早已相熟，在時機成熟時提及
產品或服務亦可以。若是認識未有太多機會聯絡的，或是剛認識
的人，找機會聯繫，先建立關係，產品與服務可先放在一旁。

3) 保持身心靈好狀態

銷售是條漫長的路，也是考驗自己心理
狀態的路。因此找方式保持自己身心靈
健康很重要。例如保持健康飲食，找方法
令自己身心快樂等。更可嘗試面對恐懼的
事情，練成無懼的態度。

4) 圖像化目標

不妨將目標變成相片
或圖畫，放在當眼之處。
會讓你感到迷惘失意時，
找到堅持下去的依據，
只要堅持，定能取得目標。

破繭而出的蝴蝶
Vanessa Lee 李麗娟

Vanessa，在希臘文中是蝴蝶的意思。蝴蝶漫舞，
卻需要由蟲蛹破繭而出蛻變才能展翅高飛。Vanessa
喜歡挑戰，特別是在逆境下的改變更大。有人說，成長
得最快的時候，是克服恐懼與困難時，Vanessa 絕對是
當中的表表者。

喜歡逆境尋求挑戰

　　Vanessa 從事保險行業，已踏入第 23 個年頭。當初因為喜歡對人，也有從商的意願，最後選擇了這個低成本做生意的行業。23 年來遇上一次又一次逆境，都讓她急速度成長。或者說對她而言，習慣且喜歡挑戰一些自己不擅長的事，從不擅長、失敗，卻在過程當中學習、進步，最後成功的甘美，是最好的鼓勵。

　　正如她一直以來，都覺得 MDRT 只屬於精英的，自己從沒想過要爭取。卻因為 2010 年，家人正經歷低潮，而自己去了讀一個叫「但以理」的職場宣教課程，當中受到啟發，認為要做 MDRT，讓她鼓起勇氣向前衝。

上線經理 Agnes 及好伙伴 Kelly。

家人總是給予無限支持。

　　對 Vanessa 來說，只要訂立了目標，無論多艱難也會堅持做到。如同她考車牌一樣，雖然當中經歷過六次失敗，身邊朋友都勸退她不要再考，甚至在考前一天打電話去取消，可惜太遲不能取消，只好硬着頭皮去考，結果都不合格。然而她就是那種，會怕、會恐懼，卻只要訂下目標還是想完成的小蝴蝶。最終在弟弟介紹下，換了第三個教車師傅，終於在第七次考車成功。

　　從考車的經驗上，她明白需要一個好的師傅，才能有更好的學習與進步，達成目標。

從事教練的弟弟Jacky是最佳拍檔。

回想幾年前她尋找她的恩師 Christle 的幫助，也有從事專業教練的弟弟，一路陪伴她。最終讓她初嘗 MDRT 的滋味，並感到自己也能成功，希望以自身的努力，激勵更多人成功。

一切是最好的安排

喜歡跨越，敢於挑戰，讓 Vanessa 知道誰人只要敢想敢做，都一樣能成功。因此她除了工作上、事業上的目標，更希望能成為國際心靈激勵大師，甚至已找人作了一首詩歌，由自己親自主唱，成為她的主題曲。

2019 年至 2022 年間，香港正經歷令人難以忘記的挑戰。從 19 年的社會運動，到 2020 起 3 年來的疫情，讓人回想起也要倒抽一口涼氣。而這段時間，Vanessa 更覺得需要做好成績，讓別人都知道難題是可以創造更好的成長。

面對疫情，她不太擔心。對她來說如常外出，如常地去學習不同事情：咖啡拉花、攀石、行山、酒精墨水畫等… 通通她也會嘗試，並張貼在社交媒體，向朋友散發更多正能量。那是個人品牌的一種，同時也是她成為激勵大師的途徑。要向他人傳遞正能量，必須先讓自

Vanessa 與基督徒同事一同行山。

疫情期間亦將活動移至網上。

保誠新領袖聯盟定期交流。

己成為正面、快樂的人，因此 Vanessa 覺得，簡簡單單，接受上天的安排就夠，一切是最好的安排。

有一首流行歌，陳蕾的《相信一切是最好的安排》幾乎是 Vanessa 的打氣之歌。疫境、逆境會讓我們氣餒，可是當我們相信一切是最好的安排，接受現實，並思考出路，上帝依然會為你開那一扇窗。

工作還是要做的，而且更需要用心做好每一步。Vanessa 開始思考應該要怎樣才能達標，成就 MDRT。她有著一本筆記簿，每年將自己於健康、家庭、事業的目標都放在簿裡，每年也有一個主題，例如 2023 年的主題是：創新突破、振翅飛翔，並會化成一幅圖畫。有了目標，也要有實際行動，她會將行動的細節寫清楚，並每天帶在身上加以實踐。

夢想不是想想就會有，天下間沒有免費的午餐。但只要你行動，就總會想到方法。一向專業的她，留意到香港除了疫症，亦正值移民潮。移民的中產，很多都是家庭支柱，也需要交付家用養父母，此時

Vanessa 會製作每年的願景圖。

派息基金能夠幫助他們，在存起一筆錢同時，能夠毋須額外支出便能供養父母，給家用並讓親人安心。

有時候我們誤以為是難題，換個角度，拋開框框，是種種的機會。細心了解客人所需，努力持續做好基本功，已是成功的要素。在困難下，一次也許是僥倖，但連續 4 年也能夠堅持輕鬆地成功，便是成功之道。原來，成功真的可以很簡單。

做最好的自己

蝴蝶雖然破繭而出，貌似經過一番掙扎才能成蝶飛舞，但對牠來說，卻是天生的自然。Vanessa 認為只要依據自己的能力，做喜歡的事，才會成功。例如她在疫情下，發起了很多不同的聯盟，結集大家的力量互相鼓勵，發放正能量。正是因為她喜歡才會去做。

做最好的自己，相信一切是最好的安排。

自己的生意，用怎樣的方法去做也可以，這是保險或銷售行業的優勢。因為她的專長在派息基金等產品，她便專注做好自己的本份。而不同人也有自己的專長與興趣，我們可以多發掘自己的優勢、興趣，同時思考如何能協助自己達到目標，便能真正成功。

蝴蝶色彩斑斕，自由自在。人生亦當如此，縱偶有挫折，化作養份會成就更美好的自己。

> 同樣行為，
> 同樣結果；
> 新模式要靠新知識。

◆ 小檔案 ◆

從事保險專業逾20年，
於2011-2023連續獲得
MDRT資格（業界精英指標）、連續20年獲得IDA國際卓越品質獎，並屢獲多項業界獎項。同時為身心語言程式學（NLP）導師。

4 個做好銷售的基本功

銷售是願意學就能學會的事，特別是掌握了基本功，一切都容易起來。
Sharen讓我們知道這些基本功都只是日常小行動，簡單易做，卻不可或缺。

1) 誠實真誠

銷售工作需要待人真誠，
並如實相告產品的特性。
別因為怕客人不買單而誇大
失實。特別是如保險一樣的
顧問類服務，否則因當初的
誇大失實蒙受損失時，
受影響的都是自己。

2) 記住別人名字

誰都喜歡被尊重，能夠記得對方的名字，
對方會感到受尊重並留下深刻印象。特別
對於初次印象尤其重要。有著好印象，
客戶自然更願意聆聽你的見解。

3) 微笑常打招呼

面對外界時，保持積極的狀態至關重要。有一個小方法能讓我們
保持正面快樂的狀態，那就是輕輕微笑。當人的嘴角微笑著，腦袋
不容易想到壞方向。而且他人見著你總是微笑，亦會加上印象分。
此時若能再加上打招呼，更加能夠有好感。

4) 觀察與聆聽

最後亦是最重要的一環，銷售在於觀察與聆聽。不妨多向客戶說
不同話題，觀察客戶的反應，了解他的需要。有時候客戶的反應都
不及他嘴裡說的清楚，妥善觀察客戶的痛點，提供方案自然銷售成功。
同時亦要善於聆聽，了解客戶內心想法，對症下藥自然有好成績。

決心突破 終能事成
Sharen Lau 劉敏慧

從事保險行業達二十多年的Sharen，一直誠懇勤力地
工作。突破的心態，讓她面對任何事情都有挑戰的心。
正如入行第一年，她遇上了SARS，誰知十多年後，她再
遇上可怕的疫症，挑戰更大。然而她13年來持續不斷的
MDRT突破，讓她更有經驗面對，堅持創造佳績。

銷售支撐好生活

入行前的 Sharen，嘗試過從管理工作轉職至銷售，明白到打工即使再努力，也只能有固定收入，不足以支撐她想要的生活，特別是孩子出生後，更希望給予孩子最好的。當時她轉職到銷售行業，一開始 Sharen 成績很不錯，第一年已達至年薪 40 萬的成績。可惜好景不常，當時她銷售軟件系統，隨著科網股爆破直接影響生意，讓她意識到尋找長久需求的產品亦很重要。

直至她找到了保險行業，發現這一行更像做生意，分別是最大的投資成本在時間，市場上亦有足夠的需求；往日的銷售工作多是單獨進行，與同事關係再好也沒有太多幫助；可是保險行業則可以借助團隊力量，甚至建立自己的團隊一同「拍住上」，讓 Sharen 決心加入保險行業。

團隊讓Sharen更有熱誠堅持。

Sharen 於 2002 年入職，翌年便遇上了嚇人的 SARS，感受過疫情帶來的挑戰。可幸當時 SARS 的時間短，而且當時雖然害怕，人們仍然會戴著口罩外出或見面。Sharen 憶起當時曾有客戶所住的大廈成為疫區（區內有 1 人確診，全區圍封與消毒），有需要加大保障，她亦走進疫區為客戶辦理，連帶簽了 4 張保單。同時因為 SARS 幾個月已過，她憶起當年影響尚有，但還未算很大。

疫情更大挑戰

誰知道 17 年後，香港再次遇上世紀疫症。這次的規模、時間亦比當年 SARS 大得多和長得多。在最初的 3 個月，Sharen 與團隊認為與 2003 年 SARS 一樣，疫情幾個月便會過去，將之當作休息、輕鬆的時刻。在休息的時候，Sharen 認為與客戶的維持關係更重要，她便開始多組織不同的派物資活動，先關心客戶，為客戶團購物資，介紹客戶預約打針等。當客戶詢問她的保單內容是否足夠時，她亦先做好安心、安頓工作，再與客戶解說。

誰知幾個月後，疫情仍然持續，生活卻同樣要過。人還是需要

疫情下 Sharen 先協助朋友、客戶團購物。

吃飯交租,便需要好好想辦法面
對。環境改變不了,便改變自己。
她與團隊開始尋找可能性,而上天
關了一道門,確實會打開一扇窗。
當時政府正推行退稅三寶,包括自
願醫保、扣稅年金以及強積金自願
供款,這些都是比較容易解釋,亦
較易於網上投保的產品,靠著堅持
努力,總算能維持生意額。

做好個人業績,Sharen 亦面
對另一個大挑戰,因為封關等原
因,她的團隊生意額直跌了一半。
作為領袖,她能夠做的是穩定軍
心,並向團隊提供更多知識與策

面對疫情更需要穩定軍心,帶領團隊前進。

略,例如融資方案等,舉行線上講座,請來不同的醫生與嘉賓分享。同時她
認為這個時間更需要維繫關係,她與團隊會舉辦行山、興趣班等活動,亦會
不計業績宴請團隊成員聚餐,使得關係得以維繫。有著好的氣氛,自然能夠
集思廣益,共度時艱。

關關難過關關過,Sharen 認為只要願意觀察,生機必然會找到。

觀察便能看見

遇上難關,Sharen 選擇堅持,並將焦點放在觀察可能性之上。而這兩
者亦是銷售工作的竅門。她認為銷售的工作,在於如何找到客人的需求,這

是個過程，不一定會立即做到，需要有決心、堅持相信。

回想起她第一次取得 MDRT 資格，正是因為她轉念相信生意不是件困難的事，並找尋成功經驗。為了達標，她找了一位專業教練協助，堅持行動終於能找到方向。往後 13 年，她靠著這份成功經驗，一次一次地獲得 MDRT 資格，成為業界的精英。

堅持，在於不氣餒，堅定依據方向前行。正如她有一年遇上兩位客人，坐下傾談才知道客人誤以為她是銀行職員，只對銀行產品有信心。客人早已有不少投資項目，並且已經「上岸」（財務自由）。遇見這樣的客戶，也許很多同業會選擇退避，Sharen 卻不。她選擇堅持不放手，發現客戶有不同的投資項目，卻未想過如何留有足夠的現金流，留給下一代，她用這個切入點，成功打動客戶的心，簽下了一張 300 萬的保單。

而同場另一位客戶當時未有買單，她也堅持每個月登門拜訪，觀察客戶的需要，堅持了 9 個月，最終亦順利將他變成客戶。

觀察、聆聽、信念、真誠，要成為優秀的銷售人員毋須花巧工夫，只需要做好基本功，遇上任何困難都能走過。

堅持讓 Sharen 在保險路上走得長遠。

小檔案
入職兩年，連續兩年
取得MDRT資格（業
界精英指標）；更榮
獲2022國際銅龍獎、
2022年傑出保險菁英
獎、2023年頂尖保險
菁英獎等殊榮。

做好一個客。

破解保險的 4 個迷思（顧問銷售行業同樣適用）

1)「做保險無朋友？」

理財顧問的職責是以專業知識尋找理想而雙贏的方案，協助客戶達到目標。對優秀的顧問來說，建立關係是至關重要，很可能正是因為做了這一行，才有更多交心的朋友。不存在做保險沒朋友這回事。

2)「做唔得長？」

選擇成為理財顧問，都是對生命有要求的人。為了有更優質的生活、更自主的時間，需要做好規劃和準備，亦要協助他人成功。強大，因為團隊會通力合作照顧客人。毋須擔心沒有自己時間或客戶無人照顧。

3)「要不停搵客？」

要做好生意，不一定要做好很多很多客人，亦可以選擇做好「一」個客。當客戶願意明白理財與保障的重要性，顧問做好一切服務，無論客人是否當刻購買，亦將之變成朋友建立好關係，並持續提供協助與分享。總有一天他也會成為你的客人，即使未有需要，也會將身邊有需要的人介紹給你。讓客人自然找上門，而不是找一個又一個的客人。

4)「要口才至做得好？」

口才，只能技巧上的協助。作為顧問，更重要的是做好個人品牌，以自己的特質做好服務與諮詢，按對方需要而提供專業的顧問服務，並交由客戶自己決定。如此一來客人不會認為你硬銷，你需要的是學習與專業，而不是口才。

坦然做自己
Stephen Ching 程嘉麟

2020年，持續3年的疫情，讓不少香港人不得不面對現實的殘酷。除了擔心病魔來襲，市面的停頓，讓不同行業的生計亦倍添壓力。疫情前從事科技初創銷售的Stephen，亦面對同樣的挑戰。更甚者，他的女兒在2020年1月出生，出生不久即遇上Covid-19的來臨。在疫情下要有彈性、時間、資源照顧家人，促使Stephen認真思考自己需要的是甚麼？而保險行業看來提供了確實的答案。

剛加入不久 Stephen 便取得 MDRT 資格。

「做自己」的行業

　　過往亦從事銷售工作的 Stephen，經常會思考如何為自己、為客戶創造更大的價值。疫情未知幾時會完的壓力，讓他重新思考未來方向，為對方（客戶）與自己創造價值，又能自由時間及良好收入，可以好好照顧家庭？

　　大學時讀金融的他，經由保險顧問的提議，認真了解保險的事業。他認為保險行業類近於生意，卻風險低、收入形式多，決定加入保險事業。初初入行，他選擇跟隨經理與團隊的帶領，照單全收地堅持學習。同時加上自己的見解與認真，創造更高的成效。

　　入行的第一年，他已經成為了業界精英，取得 MDRT 資格，並屢獲不同獎項。Stephen 總結自己的行動，發現做好自己，客人自然會到來。

從 Step 0 開始思考

初入行時，不少前輩都會教導「Project 100」，意思是將 100 個認識的人和聯繫方式寫下來，觀察哪些朋友最有機會有理財需要。Stephen 同樣亦會寫下 100 位認識的人，只是同樣的行為，不同的思考模式，創造更佳的結果。

傑出的顧問，最重要的是建立個人品牌，Stephen 在會展代表公司分享心得。

他認為你寫下的哪 100 位聯絡，相信是你自己也想與對方建立好關係。那麼思維的焦點，不應放在對方會否有財務上需要，或是否會成為你的客人。電話打過去，毋須急著詢問他理財上的狀況與諮詢。很多人會去思考如何讓客人成為客人，這是 Step 1，可是我們更應該退後一步，從 Step 0 出發。思考焦點在於：怎樣能讓眼前的人，願意相信自己，成為不會退單，並會維繫一輩子的客人？ Stephen 的答案是：建立好每一段關係，做好一個客。

很多人認為要事業成功，要做好每一個客。然而對 Stephen 來說，事業快速成功的關鍵，在於做好眼前「這一個客」。客人的關係可能只是一時，

既是客人，也是朋友。

朋友的關係卻可以永久。你重視眼前這個人，無論此刻他會否買單，有沒有能力做周全的保障，你也會願意與他分享自己的專業。客人買單代表信任於你，更應該持續地分享，將關係深化。

如此一來，深厚的信任，會使客人不斷加單，亦會介紹身邊的朋友到來。不少同業會在每年保單回顧時，都會得到客人加單。而 Stephen 的客人則會在一年加單幾次，源自於他願意繼續分享。只要客人願意聽，他也會持續分享他的見解與理念，打好他與客人的關係。

建立個人品牌

在銷售的行業裡，我們常認為客人在「替」我們買單，這個觀念也許需要糾正。顧問的工作是提供諮詢與建議，並尋找適合的產品讓客人得到應得的保障，從而於當中獲得應得的報酬。客人不是替顧問「買」單，而是他在為自己的需要購買產品。特別是保險行業，擁有市場上剛性需求（需求類近必須品，必然有需要）。在香港這個地方，將來的保障、財富增值都主要靠自己建立，無法假手政府或誰。客人需要的，只是一個可信賴、提供到專業意見，以及能夠陪伴走下的顧問在身邊。

因此要成為傑出的顧問，更重要的是建立個人品牌。那便是以自己的特質、能力、專業，並建立好關係，讓客戶願意跟從自己的專業建議。他認為每個人特質與性格不一樣，不需要跟既定的模式，但必須發揮自己的所長與

天賦，才能讓客戶相信自己。

真正的成功，不靠複製，而是靠做好每一步。包括將成功的方式做得更好，失敗的方式加以改善。陪伴客人管理好自己的錢財與保障。

照顧好孩子，照顧好客人，成為Stephen最重要的「工作」

特別現今是斜槓族的年代，也許每人都有不同的專業與能力，收入從不同渠道而來，亦能將興趣化成工作與職業的一部份。保險行業的剛性需求，合乎了市場所需，它的自主時間，能給予有充足的空間發揮自己所長。做好專業，建立個人品牌，相信每個人都能在事業路上發光，並讓朋友客戶獲得應有的價值。

疫情下，因為想照顧剛出生的女兒，Stephen選擇彈性工作時間的保險業。

不是因為成功所以相信，
而是因為相信所以成功。

◆ 小檔案
曾獲6年 MDRT 資格（業界
精英指標）；IQA 國際卓越
品質獎、IQMA，國際管理
品質獎、連續兩年 GAMA
經理指標大獎；7年優質顧
問大獎、多年國際產能獎
金獎等獎項。

有效邀約 4 步曲

從事保險、銷售或顧問服務的工作，都會遇到邀約的部份。Grace憑經驗，分享出4個有效的邀約準備與步驟，讓雙贏的機會大增。

1) 用生活化話題切入理財

當我們邀約朋友或新認識的人時，值得先做好不同的準備。例如思考日常或時事與產品/服務的關係，特別是常見卻少提及的話題。以女生為例，可以多了解女性喜歡美容，會提到保險能保障脫疣療程，因為疣屬於過濾性病毒等。方便有更多角度切入讓客戶理解。

2) 訂下目標約見

邀約的目標，可分為兩部份。一是每月或每星期訂下的目標，例如要做到精英標準，栽入行每星期約見10個邀約，便有很大機會成功。二是約見目的，訂下今次約見朋友是希望理解客戶需要（Fact Finding），或是分享理財或保障資訊等，作為見面的框架目標。

3) 行動及微調

再多的機會，未曾行動都不是真的。約見了朋友，向對方了解需要，可尋找合適角度解說。見面過程中，也許立即便能找到角度協助，亦有機會需要作出微調。本著同理心出發，自然能讓對方明瞭產品對他的好處。

4) 記錄及跟進

見面後，記錄及跟進亦很重要。對方的反應、需要、重點，記錄下來便容易跟進。不要忽略這一小步，記錄既是種自律，亦能讓自己明白客戶的需求。甚至成交後，可以在記錄中貼一張小貼紙或加一點顏色，為自己打打氣。

設法雙贏的善良
Grace Yuen 袁慧詩

若你被人説善良如天使，你會快樂嗎？我們都喜歡遇上善良的人，可是被指善良、乖巧，彷彿是「容易吃虧」的代名詞。這是真的嗎？Grace的故事告訴我們，善良的人有福氣。運用善良天賦，緊抱雙贏的心，最終都能夠獲得所應得的。

勇敢耕耘 必有收穫

「一分耕耘，一分收穫。」
Grace 的父親兒時送過一只木製
手錶給她，錶上正刻著這句文字。
從小被教導要勤力堅持，長大後發
展所長。因為善良，渴望協助他人
成長，Grace 曾擔任社工。努力想

細心的分享，能協助更多人成功。

貢獻，卻發現世事未必如願。使她偶然會質疑這句話的真實性，有時不禁會
問：「自己的善良乖巧，會否變成成功的絆腳石？」

直至她在當時男朋友的保險營銷團隊裡，聽到一位年輕女孩，因為新入
職取得好成績分享著：「只要努力總有回報。」她看著男友與這班伙伴，時
刻總有無窮盡的正能量，在幫助他人同時，會有資源、時間做自己喜歡的事，

包括旅行玩樂。讓她認真思考保
險業的工作意義，萌生發展的可能
性，並決定在這行業發展。

一旦決定了，便不打算回頭，
Grace 重新審視自己有甚麼優勢
足以讓她在事業上成功。她發現她
的真誠善良、勤力、願意學習及突
破自己，在這個行業中能夠協助她
發熱發亮。往日覺得不怎麼樣的優
點，在保險與銷售顧問的行業裡，
變得極為重要，亦讓她在這行業中
獲得她所想要的。

看到伴侶的快樂與成功，促使Grace
加入保險業。

「想要」的目標

從事保險事業逾 12 年，Grace 多次取得 MDRT，秘訣在於她能夠充份運用同理心，以及目標感。她認為人總得找到一些原因，才能突破自己。回想 2013 年她第一次取得 MDRT 時，動力來自父親的病重與離世，那刻她打從心底渴望能做到一些成績，好讓在天上的父親感到安慰。

內心有足夠地想做到，身心一致的行動與努力，總能引發更多可能。她開始突破不同限制，向更多人開口，也敢於提供更大額的建議。她發現，當她從心底渴望幫助他人，協助對方獲得所需要的，也能獲得她的回報 —— 無論是金錢還是成就。「銷售」，不是一種零和遊戲，而是帶領他人看到達成目標的可能。作為顧問的職責，是找到適合的切入點，創造雙贏。

家人，特別是父親的教導，讓 Grace 帶著良善在事業上取得成功。

要達到真正雙贏的局面，Grace 認為顧問們需要時刻做好準備，了解市況、不同行業的人的需要，與及手上的產品如何能幫助他們。足夠的準備，才能讓自己面對不同的朋友時，有足夠的知識分享，並找到切入點帶領對方了解。

銷售是種教育，一種具感染力的教育。當顧問懷著用心，為他人帶來希望與解決問題，才能變得優秀。除了誠心、用心、努力與實力，Grace 認為要贏得客人的心，也需要細心。當覺察客人未正

式成交，卻動心了，便多加思考他動心之處；了解產品的細節，理解與協助客人看到怎樣運用產品作為工具達到目標。再來若能有一班好戰友，無私地互相分享知識，共同成就對方，便能跨過不同的挑戰。

疫情是個新角度

2020 年，世界各地特別在香港正經歷一場前所未有的挑戰。世紀疫症的來臨，讓不少同業都感到束手無策。Grace 固然擔憂疫情，可是她同時發現這是個好機會，以全新的切入點讓朋友與客人明白需要。

當時不少同業亦認為疫情讓人們都擔心失業，沒有人願意聽關於理財與保障方面的分享。整個環境大氣候，彌漫著愁雲慘霧。Grace 感恩身處於一個正能量滿滿的團隊，可以互相支持，思考更多可能性。

將善良的雙贏成功秘訣，傳承給更多人。

在幫助他人的同時，亦有空間發展自己喜好。

疫情下，多少夫妻同在家裡在家辦公，變得關係愈來愈差，家庭響起警號，這是環境的難題。Grace 便與丈夫開設「自在夫妻檔」社交媒體頻道，以影片、文字的形式，分享不同的夫妻相處小智慧。貌以與理財無關，實際多了個渠道讓他人認識自己，並在適當時候，傳遞正面訊息以及夫妻理財小知識。

另外，正因為人人都懼怕疫情帶來的後遺症。疫情讓人真實面對生病死，刺激人們思考現在醫療保障是否足夠，這份不安與時機，是個很好的切入點。顧問可以在安穩客人的心同時，讓他們明白保障的重要性。

在面對挑戰時，敢於面對現實，將焦點放在可能性上，總能找出生機。因為 Grace 的努力，願意堅持種下助人的種子，結下雙贏的果：客人獲得他們的目標，亦成就 Grace 達成 MDRT 業界精英的目標。

沒有奇蹟，
只有累積。

◆ 小檔案 ◆
工商管理碩士，並獲得
3年MDRT資格（業界精
英指標），及多年國際產
能獎、國際龍獎、優秀
顧問大獎、國際卓越品
質獎等多項獎項、並於
2021年3月同時獲得全
公司保單數目最多和醫
療及保障業務第三名。

Cold Call 4部曲

不少新入行從事銷售的朋友，都擔心沒有人脈。開發Cold Call (陌生人)市場，亦是能做到生意。如何做好Cold Call，可以跟隨Andy的以下4點心法。

1) 認識機會

Cold Call 顧名思義是找不認識的人做生意。然而在未建立任何信任之前，讓他人回應不是一件容易的事。因此常見的「拍板」(做問卷)、街舖的方式，為的是讓對方放下戒心，知道你並無惡意，甚至能夠給予有用資訊。普遍而言，拍板都以問卷形式詢問他人關於理財習慣，或是簡單問題，並為答謝而送出一些小優惠，留下深刻印象和將來聯絡的機會。

2) 整理狀態

即使獲得了聯絡電話，致電前仍然會有擔心被拒絕，心裡不舒服。因此在準備打 Cold Call 前需要好好整理心態，坐起來安定心情，思考電話說辭，亦適宜找出堅持下去的動力，例如一張代表著你的目標的相片。

3) 拋出甜頭

撥出電話後，直接道明來意，切忌「遊花園」。由於陌生電話常面對對方一接聽是銷售就會掛掉電話，Andy為了延長通話時間，會投其所好，了解對方有興趣的事情，例如若對方是大學生，經常會去旅行，一個旅遊保折扣會容易勾起他的興趣，讓他有興趣了解其他理財產品，例如大學生儲蓄計劃，繼而進行下一步。

4) 約時間見面

當對方有興趣，正在猶豫的時候，此時你已經成功了一半。應立即詢問對方時間，由於對方已知道你的來意，亦明白是了解計劃，成功率亦會大增。

敢於嘗試 便有奇蹟
Andy Lau 劉緯洪

常說保險行業是人脈的行業，也有很多人認為口才一般、不是手上已有成千上萬的人脈，在這行難以成功。Andy以親身示範，成功只需要不斷敢於行動與付出，只要有決心，總會找到辦法。當人人說不可能，更加要嘗試才知道是否成功。萬一可以呢？

選擇比努力更重要

對於 Andy 來説，能力與專業，甚至人脈，都不是上天賦予的。預科畢業後，Andy 選擇出來工作，與很多年輕人一樣，打一份以為「穩定且輕鬆」的文職，月入 8 千，卻每天過著朝九晚 OT 到十的工作，疲累的身體讓他連假期都只是想躲在家裡休息。

眾所周知，文職工作大都是沉悶乏味，日復日地重覆相同的工作。初期對新入職的 Andy 來説還可以接受，後來漸漸失去耐性。經過一年默默的付出，Andy 開始看不到前景，而生活壓力漸漸加重，看著自己為兩餐而不斷加班，覺得人生總不能如此繼續下去，要好好想一想未來應往哪裡走。正好此時合約快滿一年，老闆跟 Andy 商討續約事宜，對他誇獎一番，説他很幫忙。可是即使 Andy 如何在公司努力，曾經歲晚跟廣州來的親戚吃過飯後仍要趕回公司工作，加班到凌晨 3 時，最後公司只加了他 500 元人工續約，加強了 Andy 他離開眼前的工作而尋找外面機會的決心。

Andy 面對再大的困難亦堅持，努力總有回報。

既然不想再過這種日子，天下間亦沒有白吃的午餐。他從姐姐的理財顧問了解保險行業的多勞多得，只要努力，收穫多少是憑自己付出決定。便決心考試，加入這個行業。當他知道這是他唯一改變命運的機會，Andy 用心溫習準備，一口氣把三份考試全都考過了。更讓他知道，成果從來是掌握在自己手上，視乎自身付出多少。

機會源自敢拼搏

新加坡保險達人Stuart與Andy成為好友，亦提點他許多。

最初入行的 Andy，只是個小伙子，身邊大多數朋友還未畢業，實在沒有太多人脈資源。加上保險從業員一直都給別人較差的形象，Andy 初期承受著同輩的眼光和不少壓力，自信心不足，業績也只是僅僅合格。

幸好，保險業高手處處，而且越成功的人越願意分享，在大老闆 Alan 介紹下認識了他的好友——新加坡保險達人 Stuart。而 Andy 更趁到新加坡旅遊期間，冒昧去拜訪及請教這位達人。而當中兩段說話至今仍瀝瀝在目，並深深影響 Andy 的保險事業發展至今。

1) 我們有 4 位的競爭對手：死亡、年老、傷殘、重疾。保險的使命是在這些競爭對手來臨之前接觸到我們的朋友，從而為他們做好保障。
2) 醫生的工作是醫治人，但醫生會為病人付錢嗎？我們就是會為病人付錢的那個人。

Stuart 三言兩語的話馬上加強了 Andy 的自信心及身份認同感，還令他今後帶著使命感去實踐保險業的意義。

不是因為看見希望才去堅持，而是堅持了才看到希望。Andy 自從新加坡回來後，猶如脫胎換骨，越做越好。曾聽說過：「成功沒有捷徑，唯有用心經營。」Andy 回想，他的確靠與他人建立信任而慢

能夠為家人、朋友解決死亡、大病、傷殘與年老4大敵人，是Andy的專業。

137

慢一步一步走過來，爭取好成績，甚至他爭取的，是完全不認識的陌生人 Cold Call 市場。剛開始的時候，大多數的客戶，是他一個一個地「拍板」（做問卷）拍回來的。

成功實在不容易，要走在街上做問卷，要有很大的勇氣和堅持。可是只要你真的願意堅持，願意嘗試下去，真的可以打開市場。因為想成功，Andy 尋找可能性。他的伙伴找到了在大學做問卷的方法，Andy 便和幾位同事，一起拿著板和問卷，在大學的校園中，為大學生做問卷。

當時的 Andy 入行不久，也如大學生一樣。而且由於每天相見，校園中的同學們開始對他眼熟，開始有了初步信任，願意讓他做問卷。Andy 亦會依據同學的需要，例如大學生，去旅行是必需，便提供一些旅遊保折扣。也會跟他們聊些共同話題，例如兼職，儲錢習慣等。當打電話再約同學面見時，再提供更專業的解說。

一邊接受拒絕，一邊把握機會。Andy 並沒有因為機會渺茫，被人拒絕便放棄。反而堅持繼續學習，磨練自己的意志力，也磨練好銷售話術。經過兩年後，他擁有了自己豐厚的大學生客戶庫，而這班客戶都跟隨他成長，有部份更成為他的團隊成員。

只需兩年的堅持，Andy 打開了一個大學生市場，並守護著這班

家人是Andy 前進的動力。

團隊對Andy來說越來越重要，讓他想做好榜樣。

客戶的健康。同時由於做到了成績，例如取得 MDRT 資格，更多客戶亦對他信任，生意亦越做越輕鬆。

疫情是再出發時機

2020-2023 年歷時超過 3 年的疫情，正是面對著種種大病與死亡。當時 Andy 的孩子亦剛出生，更加體會到健康的重要。在疫情初年，Andy 還主力照顧孩子，後來發現團隊和工作更重要，在這段時間，讓他反思了更多。為了團隊發展，他花了近 6 位數上課學習管理，卻機緣下認識更多同行業的戰友，互相交流，並建立新系統，致使他在疫情下仍取得 MDRT 資格。

難關，的確不易。也許過程中還是會被拒絕、有挫折，更會灰心、失望。但若堅持下去，敢於面對，仍是能夠獲得你想要的。

真正的成功
　不在個人成就，
　而是在為別人
　創造價值及成就。

◆ 小檔案 ◆
入行超過25年，曾獲得
19次MDRT資格（行內
精英指標），並於2021年
疫情下獲得COT。

如何使用一張白紙帶起話題

Agnes分享出從4個角度出發，只需要一張白紙亦能做好銷售工作。

1) 4種生活話題

顧問與新客人和朋友交流時，可以畫出4個不同生活範疇，例如工作、家庭、儲蓄或興趣，發掘這四個範疇的詳細內容，讓顧問了解客戶個人及家庭風險所需或所欠缺，從而制定適合的保障方案。

2) 4種產品方向

顧問可以用一張白紙，畫上最常需要的範疇與方向：人壽、儲蓄、意外和醫療危疾，詢問客人覺得每一部份的保障需要多少？再看看過去買的保障額及項目是否足夠。人生每個階段不同，所需要的也不盡相同，定時重溫這四種需要，加大或減少某些保障是必須的。

3) 不同金錢流向

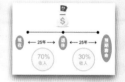

顧問可以將錢分為四類：包括需要而須靈活的日常花費；需要而可不靈活，例如退休錢；不需要但須靈活的安心錢；以及不需要亦可不靈活的閒錢。不少人會將大部份資金放在日常花費或安心錢上，而罔顧個人風險的存在及長遠退休安排，更忽略長遠利息滾存的重要性。顧問可詢問客戶這四個區域的現金百分比，幫助客戶釐清個人需要及預早作長遠退休安排。

4) 退休保障規劃

顧問可以畫一條線讓客戶了解，自己現在的歲數、計劃退休年齡與及預期壽命，便知道還有多少年工作為自己帶來收入。這份收入，應該給兩個「自己」，一個是現時的自己，一個是退休後的自己。如果現在距離退休尚有25年，而退休後亦有25年的壽命，那麼顧問可以詢問客戶願意將未來25年所賺取100%工資的多少作儲蓄，使他將來有足夠金錢安穩退休，從而鼓勵客戶儲蓄更多。

雙贏在專業
Agnes Lam 林靜嫻

疫情下不少行業、專才亦擔憂生意，若是有一定年資的，不少亦選擇休息一下。Agnes入行超過25年，團隊大部份的同事已是無憂，仍然選擇作出榜樣，告訴眾人凡事有可能。Agnes作為領袖，甚至以身作則，在疫情年度2021年取得COT資格。

為生命作主

加入保險業，緣起於 Agnes 的經歷，深明保險理財的重要性。大學時代的 Agnes 因「痾血」到公立醫院就診，醫生找來一班年青醫生圍著自己當成怪人一樣研究，並在出院時也沒有告訴她出血原因，留下了壞印象。致使 Agnes 大學畢業後立即買下了保險，並認識了上司，了解保險行業的發展可能性。

當時 Agnes 知道，這是一個長遠的承諾，加上父親反對，不敢貿然走進這個行業，反而成為市場部主任。Agnes 不想就此到老，用了一年多的時間了解這個行業，加上她的上線經理們 Alan 及 Fanki 細心解說，讓她明白這是一個朝陽行業，有著明確的升職制度，耕耘越多、收穫更多。雖然她還有傳統的擔憂：收入不穩、家人反對、斷六親等等，在一片反對聲音投身這個行業，入行首 10 個月以 3 倍人工證明給家人與朋友看她沒有選擇錯誤。三個妹妹也跟隨她的步伐，進入了這個行業。

受爸爸的啟發，Agnes 亦努力在事業上創造可能，並帶領三個妹妹加入保險行業。

涉獵甚廣的專業

Agnes 的父親林展雄先生，從零開始做專線小巴生意，養活了一家八口。Agnes 也隨父親腳步，由零開始創建她的事業。加入保險行業後，才知道保險、危疾與醫療對每個人都很重要。如何能替客戶做最好的建議，需要的知識與人脈亦涉獵甚廣。

簡單如當牙肉腫痛看牙醫，一般醫療保險並不包括牙醫事項。可是她有

作為領袖，為團隊做好榜樣。

客戶試過因牙痛多日引致腮腺炎，被醫生要求入院。專業的 Agnes 立即趕到醫院了解情況，並找來有西醫與牙醫共同牌照的醫生溝通。當時駐院醫生告知擔心病人氣管收窄會窒息，最壞打算需要入深切治療部（ICU），一旦進入 ICU，醫療費用將會是 30 萬至 100 萬。幸好她與醫生當機立斷，找來耳鼻喉科醫生檢查，發現氣管並沒有收窄，讓客戶順利停留在私家醫院醫治，Agnes 利用專業與醫生人脈解決問題，免卻客戶擔憂。

從事保險接近 30 年，Agnes 除了專業於產品特性外，亦熟知關於病理、醫療的知識，甚至協助客人移民前保障安排。她特別緊張客人的醫療及危疾保障，由於處理過太多個案，而且疾病到來，往往沒有年紀之分。她見過最小的一位癌症病人，只有 42 天大。她也處理過不少只有二十多歲，已經需要用到危疾保險的病人，深明一份醫療危疾保險，往往是客人的救命符。

曾經有一位客人的男朋友患上淋巴癌，當時他只有 21 歲。小伙子只有一份簡單的醫療保險及 $15,000 美元危疾保障，經紀亦離開了這個行業。Agnes 細心為小伙子跟進那份屬於其他公司的保單，竭盡所能為他處理理賠。

隨著小伙子逐漸痊癒，更信任 Agnes 加入成為團隊一份子，第一年已獲取不錯成績。可是好景不常，小伙子的癌症復發，只能不斷進出醫院，客人都只能靠 Agnes 與同事們的照顧，堅持了 5 年，最終撒手人寰⋯這經驗讓 Agnes 留下深刻的烙印。她既感恩有能力為小伙子提供最大程度的幫助，使他離去時仍保有一份有體面、有意義的工作，並有團體人壽保險給他保障。但也無奈未能及早認識他，在他病發前，為他做好醫療準備。沒有人能阻止病魔的到來，卻可以做好保障，充份運用現今發達的醫療系統，為身邊朋友提供最好的治療。

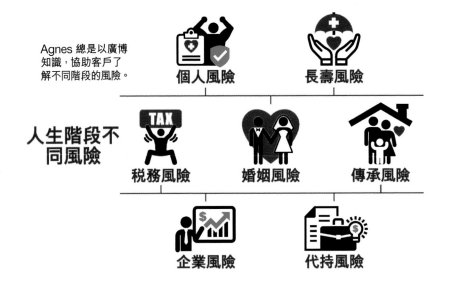

Agnes 總是以廣博知識，協助客戶了解不同階段的風險。

人生階段不同風險

個人風險　長壽風險

稅務風險　婚姻風險　傳承風險

企業風險　代持風險

盡能力迎逆境

再多的經驗，也不能阻止難題與逆境的到來。如同很多團隊一樣，Agnes 的伙伴有主力國內市場，也有主力香港市場。疫情下的封關，讓國內市場無法發展，影響甚大。Agnes 作為領袖，秋收冬藏，在疫境下覺得團隊仍需發展。

疫情下Agnes與團隊同樣創造佳績。

疫情下，Agnes與團隊學習不同的課程，包括「國際理財規劃師課程」、「中國高端市場課程」等，將自己的知識層面，涵蓋至退休、個人、代持、婚姻、稅務、企業、傳承等風險的實際安排。使得單數也許少了，成交額更高，準備在開關之後，帶領團隊大展拳腳。

團隊帶領方面，她亦緊貼潮流，貼近當時市場所需，舉辦網上培訓及講座，以增強團隊實力。例如移英稅制、持久授權書、保單逆按、保費融資、退休三保及自主人生招聘講座等，保持伙伴的資訊熱度及使客戶明白退休理財的重要性。

以身作則的裝備自己，團隊成員亦沒有做不到的借口。特別是Agnes一直秉持「協助客人在人生旅程裡，面對各樣風險時做好準備」的信念。在逆境之下，更需要自強不息，才能為客人、伙伴做好榜樣。

隨着時間的轉移，Agnes與客戶們經歷種種，明白「活着就是美麗，常存感恩」的意義。Agnes感恩家人的愛護、上司們的賞識、同事們的信任及客戶朋友們的支持，可以健康地與客人一起過着順流逆流的生活，成為「雪中送炭」的保險理財顧問及領袖，亦都可說作為一個保險人，無憾此生。

Play hard，work hard帶領伙伴無憂也是Agnes的使命。

> 比別人多一點執著，
> 便會創造奇蹟。

小檔案
從事保險行業超過22年，擁有
國際理財規劃師（IFP）、國際
認證財務顧問師（RFC）、特許
財務策劃師（FchFP）、美國壽
險理財院士（LUTCF）、中國
高端客戶財富規劃師等專業；
曾獲9次MDRT資格（業界精
英指標），並獲多項國際獎項。

4 個提高轉介紹機會的方法

從事銷售，最希望能夠客人能夠轉介紹，讓新的客自然來。Crystal認為除了親和力、專業服務外，一些小技巧亦能提高客人和朋友轉介紹機會。

1) 每次輕輕詢問

不少人會覺得詢問轉介很難為情，其實可以在每次見面時，帶笑輕輕詢問有沒有介紹，問完便可以放下。只是輕輕一句，朋友或客人不會覺得不舒服，而在他的朋友需要時，也會記得為你轉介。

2) 把握時機

當客人得到你的服務，感受到你的價值，例如保單上的索償，這時是個好機會邀請客人作轉介紹。因為客人已經明白你的價值，認同你的服務，腦海裡想起誰需要同樣服務時也會為你轉介。

3) 了解客戶家人狀況

面對個人服務較強的行業，例如保險。不妨在詢問客戶要求和需要時，多了解客戶家人情況。表達關心的同時，也有機會發現家人的需要，邀請客人轉介紹。

4) 送上附加服務

附加服務除了讓客人感到貼心外，亦有機會增加接觸其他客戶身邊人的機會。可以多想想自己的產品可以增加怎樣的附加服務，接觸更多人。例如作為保險經常會面對索償，可以增加一項「緊急聯絡人」資料，比聯絡上緊急聯絡人告之你是客人的顧問，邀請他存下電話。在給予客人更多保障同時，這位「緊急聯絡人」亦有機會成為你的「新客人」。

讓宇宙為你開路
Crystal Ho 何心瑜

23年前，Crystal 在沒有人脈，也不是讀經濟或金融的情況下，單純為了想改善家人的生活而入了行。今天，Crystal 所建立的不止是生意上、團隊上的成就，而是身體力行，若想有成就，便要訂立高目標，專注目標，宇宙自會為你開路，助你成功。做大事，立大志！ 無論環境如何，你心想要的，只要敢於去嘗試，一樣會事成。

認真便會贏

多年的經驗，Crystal 認為每個階段都會感受不同的難題。入行時，Crystal 面對的考驗也與很多人相同，沒有人脈，朋友不多。

而難題不是用來做藉口，而是用來突破的。沒有人脈便勇敢 Cold Call，除了不怕被拒絕，更重要是她很認真對待每一個客人的反應。Cold Call 的客人接了電話，常說沒有空，要求遲一點再致電。常人也許只當借口，不去理會。而她卻會好好記下客人甚麼時候有空，堅持再打去，讓客人感受到誠意，打動客人給予機會。

她特別憶起有一次其中一個客人，只是隨口說句甚麼時候有空，她卻記下了，並再次致電。客人覺得驚喜，Crystal 竟然記得她的話，然而她當時正要離港，叫 Crystal 半個月後再回電。Crystal 沒有忘記，將時間記在記事薄，半個月後堅持回電，令客人印象深刻，給予機會見面並促成了生意成交。

「人」是重要的成功要素。

有機會見面，不少人會選擇介紹產品。但 Crystal 會花大概 2/3 的時間，理解對方想法。即使新認識，她也會如朋友一樣聊天，也會分享工作時的小故事，例如理賠的個案幫助，不急著要為對方介紹產品。直到她了解對方足夠，才會真正根據對方的需要（痛點），提供解決的辦法。結果她的成交率更高，成為他人眼中的 Cold Call Queen。

疫情下結盟的「新領袖聯盟」。

Cold Call 難，不是對方沒有需要，而是兩者沒有信任。Crystal 透過聆聽、誠意和認真，建立信任的種子。從對方的需要出發，以專業及產品協助，成就生意。當用心為客戶，得到的不止是生意上的回報，而是他人衷心的感激。經常有客人因為儲蓄後有資金圓夢，而感激 Crystal 當初的堅持。

努力讓 Crystal 獲得 9 MDRT 資格，每次都是種堅持。最難忘於 2019 年，當時的社會環境使 Crystal 稍為落後。到了 12 月她還有 1/3 目標，這時她卻病了。然而她仍然選擇堅持，頂著病繼續。「當你很想做到一件事，你會打開你的『天線』，整個宇宙都會為你開路。」這時她腦海中會閃現某些人物，那些平常難約見的客戶，都給她約到成交，使她最終如願。

封關不躺平

只要相信，便能看見。她認為只要你很想做到，宇宙自然會安排好道路，讓你跑得到。過程未必順利，但總能會得到，一如疫情所面對的。

保險事業在疫情前受惠於國內的生意。然而遇上世紀疫症，香港實施封關，讓國內的生意幾乎等如零，對 Crystal 也是種打擊。眼見身邊不少同業會選擇躺平，她卻認為是時候立即做好自己的工作，調整心態再前進。

Crystal 希望能成為兩個孩子的榜樣。

她把握疫情初期的空檔的時間，重新做好自己的客戶系統，再次審視客戶的資產，並專注做好香港客戶的服務。這時，她聽到美藉華人老師 Frank 的分享，説美國人若感染 Covid，想加大保障未必會受保，會有不保事項，她便為客人設想辦法解決。由於保單會保障已知的疾病，若客人此時購買一些定期純人壽，不但能夠以較低的保費作出緩衝保障，更可加大給家人的保障。特別是疫情之下，大家對健康保障的關注又增加了，而疫情在某程度也令資產縮小了，所以鼓勵客戶先做好補充資產的高度及

伙伴同行。

闊度。加上當時香港正有退税三寶（扣税年金、保單逆按揭、自願醫保），還有強積金…在種種支持下，仍然能保有 MDRT 的成績。

而另一方面，伙伴與團隊的支持也是非常重要。她們的公司即使不是同一個團隊，也會互相照應及照顧，她們會創建不同的活動，例如「保誠新領袖聯盟」、「圓桌 Go Go Gold」及「袋定」小組，在群組裡互通消息。伙伴都相信，只要熱情不滅，一切都有可能。亦因為有她們作為源頭，以身作則，能夠感染同事，不受外界看似的難關打敗。

疫境下，Crystal 認為更能顯示自己對行業的熱愛，每一個行動，不止對得起自己的良心，更是要對得起客人的保障，以客人目標為先，用心專注面對種種挑戰，自然能夠將目標成真。

打造 MDRT 團隊

在疫情下，Crystal 團隊有 80% 伙伴都取得 MDRT 資格，實在讓人鼓舞。甚至當中經歷過伙伴被人挖角的情況，幸好她耐心解釋，讓伙伴明白環境與團隊，才是工作最大的資產，令伙伴留下來一起繼續跑下去。

她感恩自己公司所訂立的 MDRT 文化，認為做大事，先要立大志。全員 MDRT 似是遙不可及，可是在種種支持下，沒有甚麼不可能。

更重要的是，Crystal 想成為兩個孩子的榜樣，告訴他們沒有甚麼是不可能。她希望以身作則，透過這次疫情、面對難關，透過明確目標和努力，還是能取得好成績。希望孩子明白在將來的人生路上遇到甚麼問題，也毋須害怕，只要肯堅持，最終能成功。

建立 MDRT 團隊，是 Crystal 的目標。

" Confidence
Can Do Wonders. "

◆ 小檔案 ◆
特許財務策劃師、
百萬圓桌學院榮譽
導師、連續9年獲
得國際龍獎IDA傑
出業務員及MDRT
百萬圓桌會資格
（行內精英指標）。

為客戶做好 Review 的 4 個方法

長遠關係的顧問，在於有多了解客戶所需。在理財顧問的路上，經常會面對替客戶做好保單Review，如何做好Review，Liana給你一點小技巧。

1）保持好奇

Review重點在於協助客戶綜合保單，帶出自己作為顧問的價值。當初購買的產品，客戶總帶著原因。多保持好奇，了解客戶的想法，既能體現自己的專業，亦能更了解客戶需要。

2）了解自家與其他公司產品

客戶有機會在不同公司購買產品，產品能否幫助客戶，重點在於了解客戶個人特性如何連結不同產品的特性，發揮最佳配合程度。因此除了公司的產品特性，亦必須了解其他公司的產品，清楚市場的趨勢，才能給予客戶最到位的建議。

3）了解客戶當初購買的原因

人是理性的動物，當初的投保決定，總有他的原因。了解客戶初心，當初為甚麼想購買這份保單，審視保單是否能夠幫助客戶實現初心。客戶會否再向你購買，源於是否信任你，讓自己參與客戶的每個人生階段，了解他們當下的想法及疑慮，同理心是最大的關鍵。

4）專業分析帶出價值

了解產品定位，也了解客戶想法，最後給與專業建議。看似老生常談，的確也是贏取信任的關鍵。與客戶達成共識的過程中，從不貶低其他同行，從不貶低其他產品，實話實説，只做好自己的角色，綜合分析。營造客戶看得見感受到的願景，每次有關於保障或投資增值的新想法就第一時間主動聯繫自己。

能力創造可能
Liana Ng 吳少甜

收入是甚麼？除了給我們安穩的生活、舒適的購買力外，更重要是能力的認可。保險業是一門無上限、多勞多得、能夠達到高收入的行業。而若想爭取到這收入，亦需要配合努力與能力。Liana的堅持與認真，讓她在保險路上，甚至疫情下更獲得豐碩成果。除了收入上的滿足，也獲得客戶認可，反映出專業價值。

跑數令人快樂

　　Liana 回憶起曾經從事酒店業，努力為公司帶來生意，爭取傑出表現後，所獲得的績效獎金（Performance Bonus）的金額與一般同事一樣，未能正式反映出努力的本質。當下 Liana 有點無奈，認為要在行業裡爭取與努力掛勾的肯定不容易。

　　Liana 是個願意付出，同時期望自己的能力得以有應得收成的人。恰巧當她買保險時，她的理財顧問讓她更了解這個行業，明白這行既能對客戶有保障的同時，她的專業與付出，能夠讓她有應得的報酬，便選擇加入了保險業。不少人初入行時會對銷售，對朋友分享保險有障礙，認為「賺朋友錢」。可是在 Liana 眼中那是她付出了服務、跟進而所獲得的報酬。朋友有保險及理財需要，她的專業能力幫到朋友，何樂而不為？直接爽朗的 Liana，多會向朋友表明來意，讓朋友們知道見面是為了洽談理財計劃。有興趣的自然會答應，省卻了很多摸索的時間。

做最好的自己，爽直的 Liana，成績亦直接反映。

　　她認為工作上，專注做好服務與跟進，表現專業，才是真正幫到自己與客戶。Liana 的服務，不止在自己公司的保單上，她總會用心了解每位客戶手上的所有保單，成為客戶們保單的管家。不少同業亦會願意為客戶查看手上的保單，更全面的了解客戶的需求，然而要做得好，Liana 認為有幾方面必須到位。

　　首先是以客戶為本，了解客戶

當初買單的目標與原因。作為理財顧問，既要熟知其他公司產品，了解產品優劣，對客戶有怎樣的幫助。同時也要保持客觀的心，在客戶的立場上分析，避免因為想賣產品而忽略了他們已有的保障。專業的表現，能夠更加贏取到客戶的信任，能夠如管家一樣，有需要時第一個想起自己。對很多人來說，跑數是種壓力，但對 Liana 來說，跑數令她感到快樂。因為能夠達標，代表著她用心的服務能夠得到客戶信任，將財富交給她管理。跑數的「數」，不止是營業額，也不止是佣金，是從中建立的互信關係、友誼及共同成長。

自主的生活，有更多空間開闊眼界。

疫情使工作更有效率

2020 年面對疫情肆虐，市面幾乎寂靜，人人足不出戶怕病毒會來到自己身上。Liana 反而有更大量的客戶主動聯繫，也有更多的轉介。疫情讓香港人的安全意識更強，人人都感受到無常，渴望得到最全面的保障。而這時

團隊是一體，一同面對問題。

他們會選擇信任有能力、專業的顧問。同時疫情之下，人與人的見面亦變得奢侈，即使有需要也渴望在最短時間完成要傾談的事。Liana的簡單直接，不拖泥帶水，讓客戶感到安心。更有效率的見面，也讓她有更多的時間與空間見更多客戶，為更多人提供保障。

保隨，一刻都不能遲

公司邀請讓她將經驗傳承，成為MDRT名師之一。

專業，在於能夠真正幫助到客戶。若問 Liana 在保險路上最擔心的是甚麼，便是無法好好盡力讓客戶獲得應得的保障。特別是醫療保會有保單冷靜期，購買保單申報是否詳盡，有機會直接影響理賠結果。因此她會堅持無論客戶大小病痛，都會如實申報，希望客戶能夠獲得最確切的保障。

曾經，她一位客戶向她買了危疾單，而她亦如實申報了客戶的狀況。不久客戶不幸地患上罕見的腎癌。由於客戶的情況屬於罕見病，發病時購買保單只有 1 年零 3 個月。當她得知這個消息時，雖然客戶表達理解，也明白新買保單審核嚴謹。然而作為顧問，將心比己知道客戶內心焦急，需要這份賠償。當時正值疫情，醫院病人連見上一面都困難，唯有探望他的家人。當她見到客戶的媽媽時，那媽媽在她面前痛哭了許久，她明白自己的價值與專業是無論疫情與難題如何，亦要為客戶用心跟進。

因為疫情、新單，加上罕見疾病，公司亦需要更多時間審批，遞交文件。Liana 在這段期間盡力跟進，不斷寫信予公司，也同時幫忙客戶跟進其他保險公司的理賠進度，最終客戶能夠有足夠的醫療費用醫治頑疾。那年聖誕節，客戶接受過治療，癌細胞已清除，代表著初步的康復。客戶約了 Liana 見面，

表達謝意，並將賠償的一部份交給她管理。這份信任與感動，靠著她的堅持與專業所獲得的，更讓她明白保險行業的可貴。

了解自我 做最好的自己

Liana 坦言，疫情下工作的影響不大，卻是一個更好的時機了解自我。她感恩於自己的工作自主、自律。在疫情下能夠有自主時間與空間工作。在疫情中，她有更多機會探索內在世界，更加了解自己，亦有更多機會學習，思考下一步如何做得更好。

保險這個行業，需要專業，卻能夠有五花八門的方式成功。如同很多人會認為做保險會失去很多朋友，Liana 卻認為是保險讓她有機會連結更多朋友。因為需做好工作，她有原因與客戶進行更深入的交流，從中建立難得的信任與友誼。自己所付出的努力，他人總能看見，並在保險業上不斷累積，愈做愈輕鬆。

正如我們面對的難題，它可以是難關，也可以是機會，在乎我們如何使用它，能夠駕馭的，便是專業。

作為導師，Liana貢獻經驗支持更多同事成為MDRT。圖為與組員在澳門培訓。

「」

勿忘初心，卓越非凡。

◆ 小檔案 ◆

CFP認可理財策劃師，
身心語言程式學執行
師、獲公司委任成為優
秀人才培訓師。7次獲得
MDRT資格（業界精英指
標），9年每年簽下超過
100張單。多次獲得優質
顧問大獎、國際卓越產
能及卓越品質獎等。

成為最頂尖顧問及領袖的法則

頂尖的顧問，能夠在個人業績、保單數目、團隊帶領都有出色的成就。
EV分享出成為頂尖顧問及領袖的法則：KASH法則。

1) Knowledge（知識）

優秀的理財顧問、領袖會與時並進，保險理財產品日新月異，世界每一天
都在改變，唯有不斷學習新知識，才能成為行業中的 Top of the Top。

2) Attitude（態度）

知識、努力、態度是多數人認為成功的關鍵，如果把英文字母A到Z
分別編上1至26的分數值（即A=1，B=2，C=3……Z=26），你的知識
（Knowledge）得到96分，你的努力（Hard work）也只得到98分，你的態
度（Attitude）才是左右你生命的全部（1+20+20+9+20+21+4+5=100）。
態度決定你花多久的時間從挫折站起來，態度決定你願意讓自己的潛能發
揮到多大，也決定了人生的高度。一個頂尖的顧問和領袖肯定有著比一般
人擁有更積極上進的態度。

3) Skill（技巧）

頂尖的人才一定是透過
反覆練習，把技能訓練至
爐火純青的境界。正如李
小龍先生所説：「我不害
怕曾經練過一萬種踢法的
人，但我害怕一種踢法練
過一萬次的人。」

4) Habit（習慣）

馴象人會在大象還是小象的時候，就用一條鐵鏈將
它綁在水泥柱或鋼柱上，無論小象怎麼掙扎都無
法掙脱。小象漸漸地習慣了不掙扎，直到長成了大
象，可以輕而易舉地掙脱鏈子時，也不掙扎。小象
是被鏈子綁住，而大象則是被習慣無形束縛著。
所以，一個頂尖的顧問一定有良好的習慣，一個頂
尖的領袖也肯定會致力培育同事養成良好的習慣。

做好每份保障
EV Ng 吳基亨

兼顧家庭事業個人發展，建立培訓系統打造有保險心的團隊
至今的EV，100張單實在是手到拿來，在迎接保險生涯第
十個100張單的2023年，他更用心建設自己的團隊。關鍵是
有系統地培訓KASH，他再忙也會抽時間想著如何能把伙伴
培育成才，令他們在開心愉快的環境下成長，並邀請伙伴們
一起以100張單為目標。事業以外，EV經常善用行業時間
自主的特性，接送女兒上下課、興趣班，自我增值學習。

窮小子富智慧

拿著照片，EV 帶笑地展示過往曾住過的家。「看，你不會在這裡看到地面，每一天回家，幾乎都需要跨過一大堆雜物才能進房。」年紀輕輕的他，已立志改善生活環境，令家人過上更好的生活，毋須再幾個人擠在窄小的空間，連呼吸都覺得困難。

讀大學期間，EV 不斷尋找機會。那時接觸了《富爸爸，窮爸爸》一書，明白到建立系統的重要性：為甚麼有一些家族、企業，能持續成功？做到百年傳承，一代又一代的傳承下去？為甚麼有些理財顧問特別優秀，能持續成為發光發亮的恆星？這一定是歸因於系統，每一個加盟 EV 團隊的新人都會由 EV 親自教導 Success 系統，確保每一個新人都能短時間內掌握成功的關鍵和技巧，快速啟動。富人的思維漸漸植根於 EV 的心裡，可是做生意要資本，投資更加要資本。再有智慧，卻遇到基層常見的問題：錢不是問題，問題是無錢。一個大學生，再有能力，讀書時經常拿第一也好，哪裡找第一桶金做生意？

直至有機緣接觸保險業，他發現這是一個黃金機會。既能學習有關保險、投資的知識，亦能讓自己更深入瞭解保險理財事業。所以即使當時不少人反對他，未入行已有人跟他說：「好端端一個大學生做甚麼 Sales」、「做保險，斷六親」、「你唔好 sell 我」的聲音下，但他仍堅持自己的選擇。

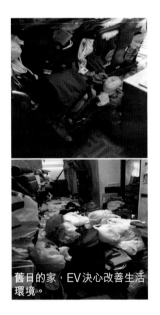

舊日的家，EV 決心改善生活環境。

也許他人看見這個行業很多人做不到，他

每年100張的目標，並獲得MDRT、全公司最高保單數目亞軍。

卻看見更多人在努力下，得以成功。千金難買少年窮，沒有太多的人脈，卻有無窮的意志。只要不斷努力，自我增值自然會做出一番成績。

以每年 100 單為目標

　　保險行業經常以 MDRT 為目標，那就如精英的一個指標。可是對 EV 來說，他追求的，不是 MDRT，而是每年能簽 100 張保單，那意味著能守護 100 個家庭，特別是基層人士。「勿以單大才為之，勿以單小而不為」，以及保險十大黃金價值（病有所醫、壯有所倚、幼有所護、親有所奉、殘有所仗、老有所養、錢有所積、產有所保、財有所承、愛有所繼。）是他經常教育同事的座右銘。

那是源於一個理賠事件。2012 年，一位客人因意外突然離世，留下了年輕的女兒。這位母親出身基層，平常省吃儉用投保了一份保障。她生前有一個心願：裝修一下房子，最終家人用了這一筆保險金完成了她的心願。

從此 EV 訂下了每年要簽下 100 張保單的目標，這每年為 100 個家庭提供保障。

夫妻同心，EV 與妻子 JoJo 同樣是理財顧問精英。

疫境，可以不當一回事

作為父親、丈夫、理財顧問及團隊領袖，EV 當時決心繼續堅守崗位，疫情下以身作則，做好每一個角色，自己揹起家中採購物資的角色，與太太分工負責家庭和團隊，同時繼續為客戶提供服務，每當我們遇上困難時，我們不把困難當一回事，它便不會影響我們，一個領袖可以用心境創造環境。

「當你的焦點放在如何創造百分百的可能性，其他一切都可以放下。」經歷過金融海嘯的 EV，知道每經歷一次危機，都是提升自己能力的好機會。在疫情的這 3 年間，他依舊地堅持約客戶，深信疫情下仍然有人需要保障。憑著無比堅強的意志和「山不轉路轉，路不轉人轉，人不轉心轉」，辦法總比困難多的信念和應變能力，在這幾年間，他打破了自己的紀錄，在疫情下以身作則，

每次望著 2 元硬幣，EV 都會感受到父親的教導。

多月在精英榜榜上有名並獲取全公司單月份首 5 名，創下兩年 150 張保單、2020 及 2021 年分別拿下全公司最高保單數目第 2 名及全公司最高投保額業績第 3 名，2020-2022 年不論業績、保單數目及投保額都是全公司最頂尖的 1%，與及支持旗下團隊所有經理更創下 100% MDRT 的業績的神話。

　　與其說怎樣做，倒不如說怎樣才有動力驅使自己去做。辦法總比困難多，EV 經常會袋起 2 元硬幣在身邊，因為年幼時，父親為省下 2 元車費，讓他們多買一個麵包吃、每天走一個多小時路回家。父親的堅毅、母親的慈祥，都教會 EV 這世上只要你想，任何事情都有可能。2 元，在現今的香港買不了甚麼，卻能「買」到一份堅忍的信念與勇氣。

　　保險人其實有一份很大的使命，就是：讓愛傳出去。陽光，因為無法時刻照顧每個角落，所以創造了保險；天使，因為照顧不了每個家庭，所以創造了我們。渴望世上每人都能夠達到保障，像早年那位基層媽媽的不會再有遺憾，取而代之的，是一個個幸福的家庭。如同 EV 那一家 4 口的幸福模樣。

今天，EV 既傑出於個人業績，亦用心於團隊帶領。

EV 幸福的一家 4 口。

業精於勤，
　行成於思
　海納百川，壁立千仞。

◆ **小檔案** ◆
工商管理碩士、連續10年
MDRT百萬圓桌會資格（終
身會員）、團隊MDRT資格
比率達70%（核心管理伙伴
100%）。2021-2023香港
人壽保險經理協會（董事）。

如何吸引高質素成伙伴

領袖需要有足夠包容性以接納不同的伙伴，除了廣闊的胸襟，Kenneth分享還有以下4個關鍵。

1）以伙伴的目標為自己目標

領袖當然可以有自己的目標，可是你的目標不是伙伴的。反而領袖的責任是關注他們的目標和需求，並試圖將這些目標與自己的目標相協調。這樣可以建立一個共同的目標，彼此之間更容易協同工作、互相陪伴，協助伙伴成功。

2）以身作則，身先士卒

良禽擇木而棲，要成為一個優秀的領袖，需要先以身作則，做好自己的業績，例如在困難環境下、需要時間管理團隊，亦需要爭取MDRT資格等業界精英指標，使有能力的人亦欣賞你、以你為榜樣。讓能力強的人更有信心跟隨自己，建立更好的團隊。

3）保持初心，別跳進情緒或爭論的遊戲

與伙伴互動時，領袖需要保持冷靜和理性，必須時刻懷著初心，將焦點放在目標上。尋找共同的解決方案是更為重要的，這樣可以建立更健康和長期的伙伴關係。亦能作出榜樣，教育更多領袖或經理，保持冷靜管理團隊，才能做到中立、包容。

4）以心帶領

領袖需要對伙伴有所了解，並在工作中給予他們適當的支持和關心。團隊應當有快樂（Enjoyment）、成就（Achievement）兼備，有氣氛、有成果，能吸引更多有能力的伙伴加入。

有能者吸之
Kenneth Tam 譚景洋

保險業的銷售，既獨立，也需要團隊的運作。找到適合、有能力的合作伙伴，是每位領袖所渴求的。Kenneth 入行21年，曾經在7年之間，連續晉升5級，團隊高峰期超過60人，在接近「登頂」成為總監之時，卻經歷過只餘下一半同事的低潮。經歷過困難，才知道如何做得更好。今天，Kenneth旗下有 70% 同事獲得MDRT資格。21年來的保險生涯中，將不同的精英吸引，然後同行，是Kenneth 的使命。

挫折是成長的良藥

Kenneth 的團隊 MDRT 資格比率達 70%（核心管理伙伴100%）。

大學時讀社工系的 Kenneth，最初加入保險，如很多人一樣，認為這個行業有彈性工作、有高收入。由於他大學畢業時已計劃 5 年內買樓，並讓父母其中一人退休，便選擇這個行業。5 年後，他如願了，並有了一支龐大的團隊。7 年間，他的團隊成長快速，高峰時高達 60 人。

好景不常，團隊建立了 9 年後，Kenneth 遭遇了沉重打擊，因為挖角潮波及，讓 Kenneth 的團隊損失了一半同事。面對危機與挫折，Kenneth 陷入事業的低潮。當時他問自己兩條問題：

1) 我還想在這個保險生涯中繼續嗎？是的。

2) 當我想繼續這個事業，我應當離開這家公司還是繼續逗留？

他認為人才的流失，不是由於公司不夠好，只是自身對團隊管理的訓練不足。一個大型的團隊，需要更多有質素、有能力與擁有管理經驗的經理一同管理。團隊的建立，關鍵在於自身管理能力足夠強大，才能吸引優秀的人一起同行。思考至此，Kenneth 選擇留下、歸零，重新出發。

接納不同的優秀伙伴，能創造強大的團隊。

在疫境中Kenneth團隊亦能保持一貫生產力，奪得公司的一個冠軍和一個亞軍。

　　很多人認為，他失去了一半同事，這份經歷會阻礙自己前進。Kenneth 卻認為眷戀過去的輝煌沒有意思。如果他當作重新出發，他卻還有數十位伙伴，陪伴他一同奮鬥，那他起步的資本更大、更容易，何樂而不為？

　　重新出發後，他審視自己要有幾方面的調整。首先是必須以身作則，走在前線讓同事了解他是有經驗、有能力協助自己的，才會讓團隊，甚至更多的經理信任。所以他堅持努力工作，從 2014 開始，連續 9 年成為 MDRT，邁向第十年 MDRT，獲得終身會員的殊榮。

　　另一方面，他將自身的目標感，以及強勢放在目標與制度上，而不是強勢地「管」著同事應該要做甚麼。團隊目標、方向、制度，需要穩定明確，不可以朝令夕改。可是同事做甚麼，如何做，作為領袖應該陪伴、同行與協助，而不是由上而下的要求。因為有能力的人，從來不需要管，只要他知道目標在哪，而他想要，自然會向你請教，這時只需要提供適切的協助便足夠。

　　而領袖毋須要求同事尊重他，聽他的話。在管理的路上，特別是保險業的管理，所謂上線與下線，只是同行、合作的關係。真正的領袖協助到團隊成功，伙伴自然臣服、尊重自己，而不是因為職位上的高低。

能力重要；玩得開心，共創成就亦很重要。

一起到海外參加會議。

一切亦是從自身出發，當重新建立、打穩根基過後，Kenneth的團隊有著不同類型，剛的、柔的、幹勁十足的、默默耕耘的、創意無限的領袖，都齊集在團隊中，卻同樣優秀。多年來，他所培育的MDRT同事，超過60人，成就不同人的夢想。

策略正確 疫情影響甚微

時間回到2014年，當時國內生意蓬勃，不少團隊選擇主力開發國內市場。Kenneth當時曾作策略討論，應否選擇大舉進軍國內市場？最後他與伙伴選擇以香港本地市場為本，再穩步發展內地市場。

香港是自己熟悉的市場，而且團隊伙伴大多是香港土生土長，比較了解香港市場文化。而且考慮到國內市場想來香港投資，也是因為香港的金融市場與人才專業性。紮根香港的團隊會因為香港人的高要求、高專業服務需求而訓練得更好，這才是國內市場想要的，擁有這「香港品牌」的團隊，擁有的市場會更大。

正因為他們選擇先紮根香港，使得2020年起的3年疫情、封關，對Kenneth的團隊業績影響相對不大。當然疫情下香港人足不出戶，使得簽單與見面的形式有所改變，然而他們發現，整個市場對保險、保障的需求其實

沒有減少甚至增加。事實上，在 2021 年的疫情下，Kenneth 創出了個人業績高峰。疫情下 3 年在本地市場的比拼下，旗下韌力十足的團隊更獲得了 2 個大獎：全公司總業績第三區域，以及全公司醫療及保障業務區域的第二名。

佳績背後，是 Kenneth 團隊的堅持。他認為疫情是種改變，市面停頓，但團隊的同事仍需要運作，畢竟伙伴仍然需要生活，幾十人、幾十個家庭，是一種拉力。而疫情下，若能做好成績，讓客戶看見團隊的實力，便是種推動力。

時代在變，便努力適應轉變。Kenneth 在疫情下仍然會隔日回到公司，作為領袖在大時代更需要支援同事。他帶著團隊的經理，堅持使命為客戶帶來保障，持續約見客戶提供服務，在困境中做理財安排。他的以身作則，讓伙伴明白環境如何困難仍可以創造成績。堅持後他們才會知道，原來在疫情下能約見到的客戶，大多會有心想為自己加大保障，做好儲備，使得簽單更容易。

經常溝通、聆聽，以伙伴的目標為目標。

而他亦帶領團隊，與公司同樣有心的團隊 Cross Over，共同籌備一網上講座，例如學習 Online Training、建立個人 IP 等。他也會找更多外在資源，例如醫療網絡、網紅培訓、疫苗資訊等等，為疫情過後另一波保險大時代作出更好準備。

逆境雖然很困難，然而只要有足夠能力，憑着堅毅不屈的信念及行動，做好準備敢於面對，難題會變成了機會，成就更好的自己。

市場推廣及公共關係學士畢業。從事管理超過18年。2年半間成立AchieverPro區域，團隊以合作精神及企業品牌管理見稱。除個人獲得MDRT資格（業界精英指標），2021年獲平均最高生產力團隊冠軍。現擔任優秀人才培訓導師，培育新晉經理。

海納百川，有容乃大；
花若盛開，蝴蝶自來。

有效團隊帶領 4 步曲

要建立擁有共同文化理念，敢於作出突破的團隊並不容易。有效將訊息帶到團隊之中，並鼓勵行動非常重要。Katherine 分享她的溝通模式，讓你亦能建立有效、積極、多溝通的團隊。

1) 訂立目標

個人需要目標，團隊亦需要一致的目標前行。領袖要預測每年的市場走勢，為團隊訂立一致認同的目標、文化、方向，每年大型活動均有主題。特別重視傳承概念，致力推廣年輕領袖計劃等，整合所有不同才華同事聲音，建立團隊共同語言，分享文化，建立正向信念系統，使大家有著統一理念目標而積極向前。

2) 鼓勵與支援

不同的活動與支援，能使團隊更有歸屬感。領袖可以因應伙伴特質加入不同元素，例如企業文化管理教育、引入身心靈概念等。甚至可以運用儀式創造氣氛，如開幕典禮讓溝通更有效，結業典禮讓大家檢視自己的結果，共同成長。領袖可多發揮影響力，激勵新人，支持舊人向前，增加伙伴的投入感。

3) 指示與任務

團隊文化建立後，亦需要有清晰指示與任務。團隊成員會因應每人不同性格、不同能力、不同需求而設立不同項目培育與發揮。領袖需要因應個別伙伴特性，下達指示與任務。給予任務前，亦會給予簡報（Briefing），以溝通為出發點，途中給予支持、釐清差異。讓雙方建立互信關係，坦誠開放、聆聽溝通。

4) 檢討結果

有了任務，自然會有結果。有效的溝通，讓結果說話，並在每個階段做好檢討與總結（Debriefing）。再指示下一個階段的任務與行動。用團隊氛圍與成功例子，鼓勵及推動伙伴前行，達到最終目標。

同頻共振領導力
Katherine Au 歐曉雯

每一次挫敗，會讓領袖們更加堅強。Katherine 入行之初，極速建立團隊，成為新人王、招聘王，卻在 3 年後經歷挫折。而她選擇轉換平台再出發，重新建立團隊。又再 3 年後因建立速度太快而欠缺經驗，引致內部挖角。當時正值 2019 年，面對社會運動夾擊。逆境迫使 Katherine 爆發領袖潛能，在疫情間獲得全公司平均最高生產力團隊冠軍，備受公司肯定。

高低起跌的經驗，讓Katherine更知道如何帶好AP團隊。

做最好的自己

　　「3」這個數字，對於 Katherine 來說挺有意義。2010 入行至 2022 年的 12 年間，Katherine 幾乎每 3 年便一個轉變。初入行 3 年，她成為公司的新人王、招聘王，極速建立起自己的團隊，生意每年都有理想發展。直至入行的第 6 年受到了不少打擊，團隊士氣散渙，讓她亦幾乎萌生去意。幸好她找到了一個新的平台，讓她重新建立自己的團隊，再次用了 3 年時間，建立一支超過 30 人的團隊，以香港的女領袖來說，這是非常驕人的成績。也許優秀的人需經歷考驗，2019 年，她加入保險事業的第 9 年，團隊遭遇了內部挖角，損失了不少伙伴。正值當時面對社會運動，緊接 2020 年面對 Covid-19 疫症，使得伙伴面對重重障礙。Katherine 卻覺得這是個好時機展現團隊實力。畢竟領袖的工作，是在團隊身處沙漠時，相信水源的存在，也帶領團隊相信自己，一同尋找未知的水源。

Katherine 用心帶領團隊，在疫情下獲得最高生產力大獎。

3 年疫情傑出帶領

2020 年，剛發生疫情的第一年，Katherine 認為團隊剛經歷風暴期，需要重新出發，團隊亦有比較多新人。因此起動了 "Transformation Leadership 計劃"，將新人、舊人都重新培訓。靠著 Katherine 的市場學背景，活動舉辦得有聲有色，像坊間的 Marketing Campaign，一年的活動具備開幕禮、焦點小組（Focus Group）、

2021年獲平均最高生產力團隊冠軍。

團隊培訓、分享、閉幕典禮等，提升整個團隊的士氣。結果整個團隊生意因此被帶動，亦獲得區內業績冠軍，伙伴看到在這樣的艱難時期仍有不錯成績，士氣更加高漲。

Katherine 讓團隊知道，即使環境低迷，周圍的人都說不可能，只要做最好的自己，打破所有框框，仍然可以交出亮麗成績。乘著 2020 年的優勢，2021 年她訂出了培育年輕領袖的方向。她的團隊新人較多，需要有更多領袖一同帶領，建立出共同的方向，鞏固信念、遠景。

團隊訓練中加入「願景圖」等身心靈元素。

　　這年她做了兩件事，第一是舉辦了"AP Young Leader Program"帶團隊參觀大公司，與不同的高管、企業家見面，擴闊伙伴視野。用心的帶領，讓團隊明白如何能保持真誠、坦誠，訓練伙伴的良好品德思維，打好信念基礎。並從中培育傑出伙伴參與傑出青年銷售專業大獎（OYSA）比賽，成功支持伙伴贏得比賽的最佳表現大獎。

　　第二則是在團隊中舉辦挑戰賽，讓伙伴們保持最好狀態，衝出成績。很多時伙伴成績不夠好，只是源自於心魔。突破界限，看到成果後，心魔自然能克服。團隊中保持既互相支持，又互相較量的良性競爭，促進各人成長。

　　2022 年，Katherine 帶領團隊更進一步，與公司合作，破天荒將企業培訓的概念融入，開辦有關一般保險（GI）企業管理方案及 MPF 焦點小組。

受公司邀請，拍攝介紹短片。

小組既有專業的知識培訓，亦有團隊的心態熱誠支持，成功培訓出一班獨特領域的專才，其中一位伙伴更因此獲得全公司 MPF 銷售第一名。

疫情似是壞事，卻讓 Katherine 慢下來，好好喘一口氣，細心思考如何建立系統鞏固成員的業績、心態、行動，讓團隊成員在疫情中，創造出意想不到的成績。

與好拍檔亞邦一起，
創造 AchieverPro 團隊。

修養才是最重要

經歷過不同挫折與成就，讓 Katherine 特別注重團隊品格修養的培育。她感恩現在的伙伴都是心善的人，能夠同頻共震，有著共同的目標。能夠讓成員能力各有特色，卻有同樣有執行力，關鍵是領袖要懂得知行合一，做好個人的修煉。

領袖要面對不同的伙伴，帶領的過程中既有清晰指引，也要隨時作出調整。因此要管理團隊同時，亦要自我鍛鍊，提升個人的修養、格局、視野、氣度。特別是在銷售行業中充滿競爭，她認為其實不需太著緊外在誰勝誰負，反而應著眼於做最好的自己。將自己的愛與安穩心靈散發在外，自然能吸引理想的伙伴，並跟隨自己的方向前行。

經歷這數年的逆境與提升，Katherine 更能體現凡事都有兩邊，逆境中學習的管理智慧及提升領導力，與團隊共同成長，成為更具智慧及影響力的女性領袖。

小檔案
加入保險行業19年，
團隊至今60人以上，
並屢獲不同獎項，亦
為MDRT百萬圓桌會
（業界精英指標）終身
會員資格。

A dream you
dream alone is
only a dream.
A dream you
dream together is
reality.

"

領袖值得帶給伙伴的 4 份寶物

領袖除了懂得帶領團隊，讓他們成長與獲得成績外，Step認為有4份寶物值得帶給他們。特別是在逆境之中，更要培養團隊擁有這4種力量。

1) 希望與力量

每個人都有高低起跌，團隊也一樣。特別是面對壓力、不利環境，更要為伙伴帶來希望與力量。例如可以用一些人物小故事、一起看書、建立共同語言，讓他們認識真正優秀的人，擴闊視野的同時讓伙伴明白每人都有難捱的時候。憑著希望與力量，始終都會走過。

2) 信任

除了讓伙伴信任自己、信任團隊外，亦值得全然信任他們。包括他們所說的話、成長的速度。以及信任他們能夠認知你所教導的，會有智慧消化這一切，明白自己應該做甚麼。特別在伙伴迷惘時，他們會想尋找外在的依靠。作為領袖可陪伴他們建立起希望的力量，他們便會明白那份外在依靠是虛假的，從而建立起內在的強大。

3) 欣賞

欣賞是一種能力。華人社會的教育，容易讓人不是自卑，便是自大，以成績論輸贏。培養起伙伴欣賞他人的能力，明白每個人都有他的獨特之處和優勢，甚至能夠互相借力依靠，自己及團隊的力量亦會更強大。

4) 使命感

內在的修養，在於努力、勤力、專業，並有足夠的成長與端正心態。讓伙伴建立起使命感；無論是工作上使命感，還是社會貢獻的使命感同樣重要。因為心善心正的人，走在一起才能走得更遠。

讓心走在一起
Step Yeung 楊敏芝

也許每個跟Step聊天的人都會覺得，跟她聊天是件舒服輕鬆的事。在她身上，獲得了許多安穩與能量，以及如何能做一個有「心」的人。作為強大的領袖，也許不止要鼓勵伙伴前行，更能讓伙伴成長成為一個有修養的人。心安穩了，散發出的正能量自然吸引更多伙伴與客人。

從「因」出發 「果」自然來

　　Step 自有一套管理哲學，使得她的團隊堅實強壯，心態能力俱備。她認為成績只不過是努力的結果。因此她的管理哲學，在於鼓勵及獎勵努力的伙伴。我們無法知道努力過後會否立即有收穫，可是當心善、心正、肯努力，收穫是必然的事，這是「果」。要鼓勵，得從「因」開始。例如團隊之間總會有獎賞，每週會有抽獎時間。不少團隊也會選擇獎勵有成績、有簽單的同事。Step 鼓勵的，是有向他人分享，有努力過的人。每週抽獎時間裡，她會完全信任伙伴，自己報出這周曾向多少人分享過理財觀念，便獲得多少次抽獎機會。

疫情下，讓團隊的心走在一起。

　　除了行業上、專業上的知識分享，Step 花更多的時間與伙伴分享一些日常小故事，感染伙伴成為一個良善、努力的人。她喜歡看不同的書，向伙伴分享內容，特是人物傳記、小故事等，使伙伴自己思考當中的意義，也鼓勵伙伴自己看書。

　　Step 每年會挑選一些「團隊之書」，鼓勵成員最少每年看一本。當然 Step 知道不是每位同事都有看書的習慣，她會挑選一些每頁只有幾字，二三十分鐘已看完的書開始，慢慢培養同事喜歡看書。今年，她挑揀選的書是《認知稅》。共同看書，除了訓練出智慧、修養，更能讓團隊之間有共同語言，打好團隊的文化基礎。當然，她也會邀請不同行業的專家、企業家與團隊聚會聊天。過程不止分享專業知識，亦為了讓伙伴們接觸高格局的成功人士，了解他們的成功思維，培養伙伴的視野。

　　與其說「培訓」，不如說領袖應當「培育」伙伴，給予足夠的養份，讓

伙伴發揮出自己的能力，茁壯成長。Step 相信，每個人都有自己獨特的能力，都有成功的機會。領袖的角色，在於提供平台與機會，讓他們能發揮所長，並為他們建立正確的價值觀。

團隊會發展SDGs，啟發自Step的兒子。

團隊之間很多的管理，Step 都會提出大方向，讓團隊成員發揮，落實如何執行。受兒子的啟發，Step 邀請伙伴套用聯合國的永續發展目標（SDGs），當中有 17 項聯合國的不同目標，例如優質教育、終結貧窮等等做貢獻。至於形式則自由選擇。他們當中有人以社企營運，也有為無家者提供強積金諮詢，實踐終結貧窮目標。（按：無家者多只是未有或不願意住屋，卻有工作。因此有管理強積金需要。）

Step 的管理，從智慧、價值觀方面著手。培育伙伴有足夠的智慧，配得起他們的善良；也正因為從事金融保險業，賺錢也相對合理，更需要有足夠的內在修養，讓努力與實力配得起所追求的。

團隊籌辦的SDGs活動。

疫情讓團隊更美麗

　　無論任何行業，面對 2020 – 2022 超過 3 年來的疫情，也是一種沉重的打擊。Step 無可避免地失去了一些伙伴，可是她卻說現在團隊的狀態是她最喜歡的。經歷疫情的洗禮，團隊的心變得更強大，彼此間有著默不可分的信任與默契，同時能發揮自己所長，同時亦努力做好自己的本份。

　　疫情下，Step 更加著重了對伙伴的教育，並要求他們在疫情下仍然要保持學習的心，互相支持。要求伙伴一起看書、一起分享。依然會找不同行業的優秀人士分享，甚至會談到對方面對的困難，讓伙伴了解堅持面對難題的人仍有很多，大家並不孤單。

　　而 Step 在疫情下，花了更多心思讓伙伴們懂得欣賞自己，也懂得欣賞每位伙伴的價值。香港社會文化太習慣以成績論成敗，容易讓驕傲心膨脹起來，只看到自己的付出與優勢，並會覺得身邊某些人不夠好。

　　就像是學校裡，小明數學很好，小美中文很好。可是小明因為覺得小美

Step 鼓勵團隊認識不同行業的人，擴闊眼界，例如邀請醫生、飛機師分享。

的數學不夠好，覺得她蠢，並嘲笑她的不足，看不見小美其實中文比自己還好。而小美因為被小明嘲笑排擠，覺得自卑，看不見自己的中文不錯，變得沒有動力繼續學習，成績最後只會下滑。數學，就如現代追求的能力，也許是成交能力、人脈、口才等等，中文能力則有如軟性而容易忽視的能力，例如努力、勤力、價值觀、學習心等等。

透過努力、勤力與專業，擁有成果不是難事。

每人的優勢不同，但同樣重要。讓團隊伙伴互相欣賞，互相協助，共同擁有成果，是 Step 這幾年加強所做的事。這 3 年間，留守在團隊的人都變得更強大。團隊擁有相同的價值觀，有修養、努力貢獻、付出，成就他人，心連心地緊密着。這樣的團隊狀態，正是因為疫情下的挑戰「磨練」而成。

緣起於想照顧家人，讓Step走進保險行業

幸福的團隊，不是必然，卻可以創造。在於發揮伙伴特質，鼓勵同伴努力，堅定培育品格與修養。成就出這樣的幸福團隊，也許不會萬民景仰，卻讓伙伴甘願跟隨，成為更好的人，更好的團隊。

修身、齊家、治團隊，天下自然平。

> 享受逆境時帶來的痛苦，
> 珍惜人生磨練的機會。

◆ 小檔案 ◆
2011年入行，至今8次獲得MDRT資格（業界精英指標），2014年獲HKMA傑出青年銷售員獎，2020年榮獲HKMA傑出新培訓師獎項，並於公司取得團隊最高生產力冠軍、最高續保率冠軍及招聘冠軍三大獎項。

4 個逆境下領袖的準備

遇到逆境是現今常態，領袖需要帶領團隊走出困惑。從各種逆境走過來，
利用難題逆轉勝的嘉健，分享了以下4種準備。

1）深入事情的本質

一個好的領導者在面對難題與逆境時，會先停下來冷靜，深入了解問題
的本質，也明白看待同一件事有不同的角度，能夠以不同的方法面對。
如何用最適合的方法，帶領團隊走出困局，正是領袖需要的智慧。

2）接納當下，迅速轉念

若挫折與失敗已發生，作為領袖首先要接納事實。接納當下的不足、
失敗，明白這是事實，是無法控制的事情。然後便要開始轉念，在經
驗中學習，調整策略、思維。

3）找到支持點，讓境隨心轉

作為領袖，是支持與給予方向的一個，同時也需要依靠團隊伙伴的力量來
克服困難。如何作為先行者，在於領袖要先找到支撐自己的信念。例如
信仰，讓心穩定下來。再來讓團隊成員的力量發揮到極致，鼓勵他們積極
參與解決問題，使團隊一起境隨心轉，得到安心、安定與肯定。

4）協助及陪伴他人成長

在逆境之下，團隊士氣固然會低落。這時領袖應先暫時放下成績與目
標，將焦點放在陪伴伙伴成長。一同經歷、一同學習，互相支持，先關心
伙伴狀態，並了解伙伴的目標，提供最適切的協助。而逆境的同舟共濟，
可以增強團隊的凝聚力和信任感，讓團隊更加有力地應對未來的挑戰。

挫折下反思
疫再戰再贏
Louis Li 李嘉健

保險的出現，源於風險管理，亦代表著世上本就有各式
各樣的危險。作為保險界的精英，自然經常會面對重症、
難題，可是對嘉健來說，在未入行之前，已經與死神搏鬥，
並在起起跌跌中，悟出作為領袖如何在逆境中自處，
緊握每個機會再次躍升。

與死神搏鬥 另闖新機會

嘉健入行前，早已是救人的命，有著有意義亦高收入的工作。由於家境關係，他 16 歲已工作養家，從事救生員的工作，短短幾年間，他已經成為了游泳教練，以及泳區的分區教練。

那些年，嘉健努力工作，二十出頭的他，高峰已經有 4 萬收入，為身邊同齡人所豔羨，而他也覺得自己前途一片光明。可是上天總是喜歡給予考驗有能力的人，一天嘉健正在滑浪，誰料天文台突然懸掛起 3 號風球，泳灘正準備收拾，嘉健人在水裡想

挑戰自我，發揮可能，逆境並不可怕。

上岸卻心知不妙，風浪實在太急太大。想要求救，海面的急浪讓救生員也無法前往救援。而他只能拼死一搏，咬緊牙關努力游到岸邊…感恩上天讓他拾回一命，卻還是遺下了一點後遺症——沖浪的滑板擊中了他的腰椎三次。

意外讓嘉健的腰受傷，日常生活尚可，卻影響教游泳的收入，幸好還有管理救生員團隊的收入，讓他不致於失去生計，卻還是少了一份收入。

疫情下，嘉健帶領團隊獲得3大冠軍。

PRUDENTIAL 英 國 保 誠

2020
周年大獎
頒獎典禮

LOUIS LI
WIZARD

區域經理大獎
全體營業隊伍最高生產力

區域經理大獎
全體營業隊伍最高招募人數

區域經理大獎
最高續保率

敢於經歷難題，上天便總會給予機會。有次嘉健的好友金龍生日，邀請了他燒烤，席間認識了一位保險的朋友，那位朋友知道嘉健傷了腰，便主動慰問及提供方法。傾談之下，他發現這位與他年齡相約的保險朋友平均月入 8 萬，比他的高收入還要高上兩倍，引起了他的好奇，進而深入的了解。及後他更了解保險行業的運作，亦解開了當初對行業的迷思，想與年齡相約的朋友一起打拼，繼而投身於這行業。

21 歲已贏得 HKMA 的傑出青年推銷獎項。

年少得志 逆境反思

入行時，嘉健才 21 歲。憑著他 1 天工作 14 小時，年中無休的努力，入行第二年便取得 MDRT 資格，更贏得 HKMA 的傑出青年推銷獎項。那時候他的團隊已經發展有 11 人，如日中天的他，因為曾經的逆境已學會保持謙卑，努力工作。

只是上天總喜歡考驗強者，由於團隊發展得太急速，而嘉健管理的經驗不足，產生了不少信任危機。半年間，團隊只剩下 3 人。伴隨的，是離開同事的負面聲音，以及團隊人數暴跌下，讓自信心完全瓦解。那一刻，嘉健不斷反問自己做錯了甚麼，自己是否不適合建立團隊，甚至因為自信心不足，影響了工作。那一年，他幾乎都不想回公司，也不想招聘任何人，覺得平平凡凡，做好自己的銷售工作已足夠。

幸好他身邊有不少的天使，看到他意志消沉，輕輕的問了一句：「走了伙伴而已，有甚麼大不了？如果遇有挫折便被他擊倒，看來你不值得擁有更

多。」這句話提醒了嘉健。是的，他連生死都經歷過，曾經在教水時也上過高峰卻遭遇逆境，還不是一樣有另一扇窗打開了給他再創高峰。現在的難題，也許他日看來不算甚麼。

所以他下定決心重新出發，首先反思自己不足之處。發現在團隊管理上發展太過急速，並不是每位同事都親力親為教導，也因為想急徵人數，而未有充分了解伙伴的目標，致使成員期望落差，失敗收場。接受了自己曾經的不足，同時亦吸收了經驗，學習如何做一個好的領袖。自此，嘉健用心栽培他的團隊成員，經過幾年來的努力，2020 年他達至事業生涯中的高峰，團隊人數超過 30 人。

疫下高峰 境隨心轉

一起經歷疫情，一起獲得榮耀。

2020 年初，香港乃至全球，爆發了一場歷時 3 年的疫症。香港人初經歷這場疫情，不知所措，不敢外出，政府嚴禁了晚市堂食。各國亦實施了封關，而保險業亦太受影響。

也許有人認為疫情下，是對業界有不少打擊，的確是的。然而當我們在疫境之下，堅持學習，發掘可能性，所獲得的也許是意想不到的收穫。疫情下，嘉健與團隊面對的困難沒有比其他香港人少，同時他們看到的，是如何更快、更深入看到事情的本質。解決問題的方法有很多種，在問題迫在眉睫，靠著團隊、前輩的教導，嘉健學會怎樣更有智慧地做決定，帶領團隊走得更遠。

經歷讓嘉健更珍惜團隊，帶領伙伴發展。

在疫境下嘉健選擇逐一與團隊經理溝通，將團隊訓練搬至網上，亦親身不斷見客簽單，身體力行地告訴團隊要把握疫情的時機。他的堅毅迎難而上，使他在 2020 年獲得三大獎項：包括最高招募獎、最高平均生產力以及最高續保率大獎。

疫下的這一年，嘉健在事業上再次迎來另一個高峰，建立了新的里程碑。而他亦在疫症前一年完成人生另外兩個里程碑：結婚與置業。

在難題之時，他總是想起父親離開時，他傷心絕望，母親在痛哭過後，擦乾眼淚對他說：「爸爸走了，確然會很傷心，也應該傷心。接下來的，我們也要選擇怎樣去看待這件事，心隨境轉，還是境隨心轉，自己可以選擇。」

多年來，憑著身邊的人與信仰的支持，嘉健學會了無論面對任何的困難，只需要保持狀態。保險行業對嘉健來説，是令身邊每個人財務自由，以及人生喜樂平安的工具。當建立到內心平安，勇敢學習與改變，成功總會在眼前。

> " **What doesn`t kill you makes you stronger.** "

◆ 小檔案 ◆

2018年加入保險行業，至今已獲6次MDRT資格（業界精英指標），2022年囊括區域經理五大獎項包括：全體營業隊伍亞軍、直屬營業隊伍亞軍、最高續保率團隊、全體營業隊伍最高生產力、全體營業隊伍最高醫療及保障業績冠軍。

優秀管理人員的 4 個貼士

優秀的管理層，不止需要懂得鼓勵伙伴工作，更需要平衡各方面的需求。帶著世界500強公司管理經驗的Maggie，分享出優秀管理人員可從以下4方面著手。

1) 共創團隊文化

一個團隊，有不同的聲音，優秀的管理人員，需要尊重每個隊友的選擇及需要。特別是保險業團隊，每人都是自己的老闆，所以領袖更加需要團結大家，由下而上，讓每個人能夠發揮所長，共同創建團隊文化。

2) 互助共贏

互助共贏讓隊友能夠發揮所長，在團隊上作出貢獻，大家互相幫助，團隊就會產生一個良性循環。當外人接觸我們團隊，就會感受到不一樣的氣氛，而這個互助共贏的文化，能吸引到更多價值相近的人走在一起，一同打拼，共同前進。

3) 做優秀的教練

作為領袖，要懂得做好的教練。伙伴願意與你合作，付出他的努力打拼，必然有自己的初心：無論是想要更好的生活，或是成就的依據等。當他迷惘或忘記時，作為領袖要有勇氣帶領他記起初心，並指出盲點。同時領袖更需要好好面對自己，時刻以身作則，才能讓伙伴信服。

4) 定立大方向，微調小操作

優秀的管理人，不會朝令夕改。一個大方向、大策略，應當維持兩年以上，讓團隊有足夠的時間跟隨。而這個方向與策略，應當已獲得集體共識，是核心價值。方向不變，操作做法卻需要因應環境而作出微調。例如「優質培訓」是方向，可以線下培訓，亦可以在不能外出時變成線上。也可以邀請嘉賓分享，或向外學習，將知識帶回團隊中。核心不變，方法則可以無窮無盡。

管理人財 人財自來
Maggie Wong 黃暢娟

管理，從來都不是件易事。正如保險行業既需獨立工作，亦講求團隊合作的行業裡，每個人都是自己的老闆，毋須「買帳」時，管理更不容易。擁有逾十年世界五百強公司高管經驗的Maggie，將管理大大小小團隊的經驗加以改良，套用在團隊的管理上，獲得很大成效，並在疫情中帶領團隊生意額獲得增長15%。2022年更帶領團隊成為全公司第二名。

從人的公司 走到人的事業

畢業於港大經濟金融系的 Maggie，讀碩士時已深知自己不適合金融業，冷冰冰的數字無法勾起內心的熱情。所以畢業後她投身了一家以人為本的世界五百強公司從事銷售

世界五百強公司的經驗，讓Maggie帶著不一樣的視野走進團隊。

工作，並在 30 歲前已成為港澳區的主管。十多年來，她管理過幾十人，甚至數百人的團隊。當時因為想在家庭和工作上獲得更好的平衡，並且在工作上得到更多自主性及意義，Maggie 開始尋找不同的可能性，最後發現保險業就是她理想的工作，所以毅然放棄高薪厚職，在保險業開展人生下半場。

入職之前，Maggie 已決心要建立團隊，眼見她身處的團隊積極有愛，並在本地市場已摸索到行之有效的模式。她看到內地市場的機遇，團隊亦需

從入行一開始Maggie已決心建立團隊。

即使在疫情下，還是能夠與團隊齊心協力獲得多項大獎。

要發展這一個板塊。土生土長於香港的她，在沒有人脈的情況下，隻身走到內地開拓市場，建立人脈。經過一年半的努力，已經擁有自己的客戶群，並且不斷獲得客人的轉介。Maggie 把自己的經驗，帶回團隊，正打算在內地大展拳腳，卻遇上疫情，封關 3 年。

疫境波大躍進

疫情驟來，封關使得客戶無法到香港安排保險保障，亦直接影響 Maggie 的生意。同時股市向下，大家的資產大縮水，很多客戶都感到恐慌，旁人遇見接二連三的打擊，也許會意志消沉，Maggie 則看到了機會。

面對逆境及前路的不確定，擔心是可以理解的。但更重要的是清楚自己的狀況及目標，把目光放遠。經濟金融出身的她，花了幾天的時間，將自己的資產狀況重新分析一遍，並且作出適當的調動，符合自己長遠的目標，讓

學習與培訓，同樣注重。

自己及家人更安心。 Maggie 將自己的分析及觀點，分享給身邊的客戶及朋友，讓更多人能夠在逆境之中，把握機遇，為自己及家人作出更好的保障及財務規劃。Maggie 舉辦了多個財商教育的講座，包括親子理財教育、初職人士財務規劃、女性財務自主等等，透過人與人之間的連結創造商機。付出總會有收穫，2020年是封關的第一年，百業蕭條的情況下，Maggie 及團隊的業績不跌反升，自己亦能達到 MDRT 等多項精英指標。

逆境是成長的機會

除了個人業績，Maggie 的著眼點亦在團隊上。即使遇上疫情，由於團隊早已建立穩固的文化基礎，在逆境中所需要做的只是不同的微調部署。面對挑戰，持續做對的事，由下而上的行動，才會更能團結一心。她們在疫情中，將團隊營運分成五個部門：包括業務拓展、康樂部、培訓部、招募部、

Maggie 與伙伴舉辦不同活動，帶出財商教育。

自主的工作，有更多時間陪伴家人。

新星起動部。並以不同的經理負責，每個部門各司其職，帶領戰友們在高低起伏的狀況下，謹守崗位，為客人提供即時及周全的保障及理財規劃。

Maggie 亦負責起「培訓部」的職責。疫情下，她深知人面對逆境更需要強化心態、增強知識，團隊堅持每星期 3 天，早上 10 時舉行 1 小時的培訓。3 年來從不間斷，以線上、線下的混合模式每年舉辦超過 200 場培訓。

同時她不希望這些培訓會淪為「走流程」的制度，所以不會要求同事「打卡」必須出席。而是用內容吸引成員學習。為了帶更多有質素的內容予團隊，她亦會到處學習，將有價值的知識帶回團隊當中。如此一來，她的團隊強化了共同價值，亦有共同語言，成績更是卓越。

生意的本質，在於你提供了金錢，換取了我的服務與產品，當中涉及的便是價值。當提供到足夠的價值，客人自然會買單。管理的工作也一樣，作為領袖帶領伙伴獲得他們想要的價值，讓他們成功。特別是在逆境之時如何協助他們走過迷惘與失意，所得的報酬，無論金錢上還是情感上，都是堅實的。

沒有奇蹟，只有累積。

小檔案
全球職涯發展師、香港生涯
規劃協會顧問、香港賽馬會
鼓掌創你程計劃 CLAP@JC
企業顧問。榮獲連續5年
MDRT（2019-23）；連續2年
COT（2020-2021）；2021
-2022連續2年保誠年度大
資深營業經理大獎 Top 5，
2022年保誠年度大獎分行
經理季軍等大獎。

優秀領袖的 4 個帶領

領袖需要帶領，優秀的領袖要懂得有效帶領。4個角度，Henry帶來更多領袖的新思維。

1) 帶領價值 Lead by Mission

每個人在工作中想要的都不同。有些人想要有更好收入，有些人渴望更自由的時間。理解每個人的需要，並為每人帶出他們想要的價值，是領袖的工作。能做好這部份，伙伴亦會願意跟著你。

2) 帶領文化 Lead by Culture

價值可以每人有所不同，但需要有共同的文化。團隊中需要有共同的文化，例如學習氛圍、積極正面等等。領袖需要多思考團隊的文化，有甚麼是不變的核心。

3) 帶領可行性 Lead by Can Do

核心文化不可變，但環境與做法可以變。環境每時每刻都有機會不同，例如疫情前、疫情下、疫情後的環境已經不一樣。了解到有甚麼文化不變，成為軸心，著手尋找可變的做法，帶領團隊發掘可行性，是優秀領袖的工作。

4) 以身作則 Lead by Example

最後說甚麼也好，以身作則最重要。伙伴都需要有楷模（Model），領袖親身相信、親身帶領，用行動證明，比任何說話更具力量。

不變的本質
Henry Tung 董天

時光可變、工作可變，人生到底有甚麼不變？Henry認為應思考事物的本質和規律，便會知道甚麼是重要。如圓規一樣，重心不變，條條大路通羅馬，不同方法也能畫成一個圓滿的人生。運用可助人的理財保險工具，協助客戶、團隊乃至不同的青年找到生命中的價值與幸福。

生命的本質

Henry 畢業於香港大學，曾入職於世界五百強公司，並成為香港及台灣的總監之位。人生一直以來穩建順遂，有著穩定的事業，以及幸福的家庭。從沒想過會轉行到保險行業。然而一次經歷，讓 Henry 不得不反思生命的本質，他一直以來追求的生活是甚麼。

Lead by Example 以身作則帶領團隊。

2014 年，Henry 得了令人聞風喪膽的敗血病。這是種全身透過血液感染，有一半機會器官嚴重衰竭及死亡的可怕病症。那年他正值壯年，是家中經濟支柱，卻只得在病床上半昏迷狀態。半條腿邁進了鬼門關，幸好死亡使者最終未能如願帶走他，Henry 在大病中重獲新生。新的生命，讓 Henry 不得不思考 2 個大問題：家人往後的生活，以及自己生命的意義。當時 Henry 雖然有優厚的公司保障，醫療上不用太擔心。可是醫療保障只能夠支援醫療費，卻無法負責一旦人不在，家中的一切開支生活。他開始明白危疾與人壽保障的重要性，往日聽見老人家說保險騙人。但本質上保險只是理財工具，若能專業地使用它，會帶給社會莫大的價值與效應，協助社會各階層都得到保障。

另一方面，大病讓他思考他生命的意義是甚麼，歸納出他生命的3種追求：

- 每天都有所進步
- 維繫一個充滿愛的家人
- 能夠以生命影響生命，協助身邊的人

此時，他開始反思自己的生活和工作，確然，工作的穩定能讓他好好照顧家人。工作基地在香港，也會有點空餘時間，能讓 Henry 在照顧家人同時，閒瑕可以協助年輕人。身為全球職涯發展師的他，會為年輕人提供職涯規劃的諮詢，使年輕人能夠找到自己的目標。

為了更多時間照顧家人 Henry 選擇加入保險行業。

工作能夠滿足他兩個條件，可是卻難以再滿足每天進步的生活。要再進步，得放眼下大中華地區甚至全球業務。可是他還是渴望基地在香港，對他來說，家庭是最重要的。命運安排下 2018 年他重偶大學的師弟，受他邀請，並得到妻子的支持。向來穩建的 Henry，毅然離開舒適圈，加入了保險行業。

Henry 的妻子也和他一同建立事業。

生意的本質

加入了保險業，隨即很快便遇上香港極具挑戰的時期：2019 年遇上社會運動，社會氣氛悲觀。2020 年開始，香港乃至全球亦經歷了世紀大疫症。也許很多人認為在疫情中會生意淡薄，畢竟很多人不願意外出，若有國內生意，則遇上封關，想做生意也沒辦法。可是這兩年，卻是 Henry 職涯上的高峰。

「MDRT」是保險業界的精英指標，若能取得 3 倍 MDRT，會獲得「COT」名銜，那是比精英更精英的業績。而 Henry 更是取得連續兩年 COT 的成績。除了個人成績，Henry 更帶領團隊，在疫市中依然堅定，甚至有更好成績。秘訣，就在於了解生意的本質。Henry 認為，無論是人生還是生意，都有「可變」與「不可變」的部份。不可變的是本質，他渴望生命中的 3 種追求，是不變，但怎樣達到卻是可變的。而生意也一樣，保險及團隊帶領的本質是人：人與人之間的連結，這是不可變的。可變的，是所做的方法。

疫情下無法與朋友、客戶見面，是否不能連結人與人之間的關係？不。我們還有電話、訊息，以及社交媒體，充份運用這些工具，人與人還是能夠連結起來。例如以訊息及社交媒體，定期關心客戶及有潛質的客戶，提供有價值的資訊，將自己的正能量，以社交媒體的方式傳遞給大眾，在疫情中帶給更多暖意，還是能夠建立起關係。同時 Henry 會思考甚麼人是在疫情下，對保障有更大需求，並且對經濟的衝擊較少。讓他想到專業人士與公務員版塊。因此他用心鑽研這類業界的需求，並加以學習相關的一切知識，為這類人士提供更專業、到位的建議。用心的服務，自然能得到更多的轉介、更多的生意。

Lead by Culture優秀的領袖會帶動團隊文化。

領袖的本質

團隊亦然。要在逆境下帶領團隊創造更豐盛的結果，離不開思考對團隊的本質。那是與各經理之間的溝通、重申工作對團隊成員的意義（Lead by Mission）、快樂的團隊氣氛（Lead by Culture）、發掘可行性（Lead by Can Do），以及讓團隊看見自己也能做到（Lead by Example）。

生意如運動，需要持久、堅持。

Henry 在疫情下仍然能創造 COT 佳績，Lead by Example。自然能給團隊打開一支強心針，而他的經驗亦能夠協助團隊成長。那麼另外三個 Lead（Mission, Culture, Can Do）該如何去做？同樣地，核心不變，方法可變。

Henry 會善用網上工具，每星期與每一位經理及直系同事亦有 1 對 1 的溝通，為同事訂立清晰的目標，以及背後的推動力，也解決每一位同事的難題與障礙。並會開設訊息群組，發放不同的簽單成功方式、技巧，讓團隊知道要成功還是有很多方法。

另外在疫情中，亦勿忘要提高團隊氣氛。快樂而充滿創意的團隊精神，是成就機會不可或缺的部份。人被氣氛推動，自然會充滿希望，有更多可能性。那年疫下的新年，人人足不出戶，市面蕭條。但 Henry 與一眾領袖，舉辦網上切燒豬，並將燒豬與利是親自出車，逐一派給團隊成員。使成員能真切地感到歡樂氣氛，並延續 Can Do 精神。

疫情不可怕，可怕的是自己覺得不可能。作為領袖，以身作則帶領，相信萬事有可能，團隊也會一樣創造豐碩結果。

沒有不可能，疫情下 Henry 與團隊舉辦網上切燒豬，並駕車分發給伙伴，實踐 Can Do 精神。

> 人在一起只是聚會，
> 　　心在一起才是團隊。

◆ 小檔案 ◆

「大滿貫」經理。2021年及2022年連續
2年囊括全公司所有資深區域經理獎項
冠軍。16年專業經驗。帶領75位行業
精英。保協-卓越誠信顧問大獎得主。
保協-Agent of the Year 2022候
選人。保協-Distinguished
Manager Award得主。
榮獲多項業界獎項包括：
MDRT、IMA、FLA、
LBA、IAP、IQA等。
香港大學經濟及金融榮
譽學士。國際財務顧
問。核准退休顧問。
認可兒童財商導師。

最強團隊，源自 4 項獨有方程式

1) 真行業需求 = 真專業 × 真溝通

理財策劃是一門怎樣的行業？「這非單純是金融業或銷售業，而是 Finance 加 Communication 的雙專業 。」試想想：「那些持金融業背景加入的人，本身雖具備滿滿的金融知識，但能否有效地將自身知識傳達給身邊的人？反之，若你本已是某行業的 Top Sales，溝通技巧上雖有一定優勢，但又是否具備充足的金融知識去為客戶提供專業可靠的意見？」對 SANG 而言，「客戶不是找回來的，而是歸邊而來的。」因此「真專業」與「真溝通」並行才是王道，這才是真正地對客戶及團隊負責任。

2) 好人才 = 心心力信

各人都在鑽研「育才」之道，SANG 卻點出「選才」更不容忽視。那該怎樣選？要能言善辯、家境富裕、或是勝友如雲的？「都不是，是客人需要的人。」SANG 一針見血：「要有『心心力信』的特質，即是上進心、責任心、親和力和高度誠信！」的確，客戶追求的正是這些。「心心力信」俱備的人雖然不多，但他們卻具備在這個行業把「客戶歸邊」的優勢。

3) 強大的團隊 = 好人才 × 好文化氛圍 × 好系統 × 好生活

1. 好人才：「認真選才」，切忌貪心。
2. 好文化氛圍：保持高度透明、高度自主及高度合作。
3. 好系統：團隊營運系統必須時刻具備前瞻力、應變力及續航力。
4. 好生活：與其 Work-Life Balance，不如 Work-Life Integration。
   一旦透徹明白和認同行業意義，Work 和 Life 就毋須刻意分開。

4) 持續強大的團隊 = 前瞻力 × 應變力 × 續航力

新時代團隊不只要適應疫情。未來世界會不斷地變，而且愈變愈快，如何乘勢運用這些『變』脫穎而出？關鍵就是前瞻力 x 應變力 x 續航力。

大滿貫領袖
SANG Chan 陳潤生

SANG 所帶領的團隊總給人專業、可靠、創新、開心且充滿活力的感覺。全因從「DAY 0」開始，SANG 已經決定了：「我入行前已經註冊了我未來 Agency 的名字 -PRIME：P for Professional（專業），R for Reliable（可靠），I for Innovative（創新），M for Mirthful（開心），E for Energetic（充滿活力），"P100" 中的 "P" 就是 "PRIME"，這是初衷。」

SANG非常重視P100每一位，更親自為
伙伴創作其卡通角色。

「用腦」？「用心」？ Why Not BOTH?

　　SANG 被稱為「最強大腦」，無論是關於理財、團隊管理或銷售溝通的心
得，他也可以隨時深入淺出娓娓道來。在他的平板電腦裡，有著數百個理財概
念及管理教學簡報，全部都有著實用的資料圖表、生動的插圖、專業的設計，
竟然全都是他親手造的。旁人就會好奇為甚麼不 Outsource（外判）？SANG 道
出管理的重點：「應該 Outsource 的，要 Outsource。但相信我，這些（講解
資料）如果 Outsource 了，保證不能達到我要的 Quality。這是關於『人』的
行業，有沒有『用心』，人們是完全能夠感
覺得到的，無論是客戶還是 Team-mates。
重要的事是不能夠單靠金錢解決的。」

家人是SANG的最大支柱。謝謝
爸爸、媽媽。

「一切安排都是最好的安排！」

　　SANG 從小經常獲得各類繪畫獎項，
曾打算修讀理工大學設計系，卻因緣際會
以推薦生的身份，被香港大學經濟及金融
系錄取了。因此，有着經濟金融學歷背景的
他，加上優秀的畫功及創意，還未畢業便被
當時的經濟學補習天王邀請協助，打造一系

GAMA Convention 為業界精英
經理分享。

SANG 於各大業界獎項得獎花絮。

列破天荒的經濟學教材。SANG 當時領悟到，要讓學生「讀好書」有好成績，關鍵就是先要令他們「讀得開心」，啟發他們的好奇心。5 年後，SANG 轉戰理財行業，SANG 完美套用此領悟，奠定了「開心理財」和「開心 Build Team」方向，成功協助無數客戶「理好財」、團隊成員「Build好 Team」！「理財、Build Team 真的很好玩的啊！」SANG 常常掛在口邊。「理財規劃原本是一件頗悶、頗複雜的事，我只是把它變成有趣、簡單、實用！」

「放棄百萬年薪加入 P100?」

「我追求速度，但更追求穩健！」P100一直穩健成長。差之毫釐，謬以千里，堅持Quality 的作風，令 SANG 建立了使同業羨慕的班底，當中包括很多專業人士，例如註冊會計師、大學教師、護士及社工等，更有多位曾任世界五百強跨國企業的高管人才放棄七位數字年薪加入 P100。同業往往認為 P100 之所以成功是因為有很多「猛人」，SANG 卻表示：「認同，但重點仍然是『心心力信』！其實很多團隊都有猛人的，只是猛人往往不好合作，所以重點是為甚麼 P100 的猛人都熱誠地互相合作。」

SANG 的團隊 P100! So
P.R.I.M.E.!

「人在一起只是聚會，心在一起才是團隊！」想伙伴「出心」為團隊之前，首先自己必須先「出心」為大家。「這樣一班有『心心力信』的人在一起，很自然會發自內心地為團隊的。」SANG 笑道。然後分享他的管理哲學：「高度透明」、「高度自主」、「高度合作」。

疫下的「大滿貫 x2」

P100 主要業務一直分佈在香港及內地，疫情理應對業績造成不少影響，但憑藉 P100 的非凡的前瞻力、應變力及續航力，善用了疫情所衍生的時間空間去升級團隊基建，令成

SANG帶領P100歷史性連續兩年蟬聯全公司大滿貫，於150支團隊中脫穎而出。

員極速適應新常態，業績竟在疫情間不跌反升，屢破佳績。

SANG 及好拍擋 Maggie（書中另一主角）受邀到 GAMA（香港人壽保險經理協會）年度管理研討會分享時，SANG 詢問在場眾多精英：「請在場每位在 1 分鐘內，想出一個可以令自己團隊進步的點子！想到的請舉手！」1 分鐘後，全場竟有數百隻高舉的手！SANG 接着說：「看！很多團隊缺乏的從來不是點子，而是持之以恆把點子孕育成成果的堅持，這就是我想說的『續航力』。」

這項前瞻力、應變力與續航力，使 SANG 在 2021 年取得全公司所有資深區域經理七個獎項的冠軍，拿下了歷史性的大滿貫。一次成功可以是偶然。然而在緊接的 2022 年，SANG 又一次證明了實力帶領 P100 再橫掃所有資深區域經理獎項的冠軍，蟬聯大滿貫。

連續兩年全公司第一名，是怎樣煉成的？

「衷心感激 P100 每一位兄弟姊妹！每一個冠軍都不是屬於我個人的，是屬於 P100 每一位，是大家用心努力的總和。」SANG 坦言。

「至於『煉成』…沒有那麼誇張。我們也沒有神仙棒，只是做好關鍵的『微差異』。」SANG 比喻：「每一次乘電梯時，先按關門再按樓層，比起先按樓層再按關門，一生足足可以多賺 5 天。」

「小行動，結果大不同。」例如在疫情下，不少團隊需要運用 Zoom 教學，保持伙伴的專業性。P100 小小的不一樣是，他們會同時將片段收錄，然後剪輯好再放到自家的 YouTube Channel 及 APP 上，突破時間與空間限制，讓伙伴隨時隨地「無限制補課」，亦讓新同事不會錯過已完成的課堂，大大提升培訓的效率，而且杜絕任何培訓資源流失。

即使疫情下面對種種挑戰，SANG 亦與伙伴密切溝通，並採取由下而上的管理、聆聽真實意見，用作優化團隊，使得團隊各人在成長的同時，感受到被重視。

「這樣有意思吖！人生是趟旅程，對我來説，旅程上最快樂的，不是過得有多風光，而是可以與自己信賴的伙伴，肩並肩一起創造沿路的風景，不斷續航，P100，然後 P300⋯P1000！」

受不同媒體專訪，分享管理秘訣。

◆ 小檔案
AchieverPro 創辦人,並於疫情下,帶領團隊取得全公司平均最高生產力冠軍,除了個人業績是多年 MDRT 外,更榮獲多個管理發展獎,以及 2022 LUA 最佳財務策劃師大獎。現為公司榮譽培訓導師,Learning Catalyst,追求卓越與專業並存。

工作有時,玩樂有時。
做自己的最好,做最好的自己。

推動伙伴行動前的 4 個前期工作

推動伙伴，是領袖的使命。環境改變不了，領袖卻可以在順境逆境下仍然發揮帶領功能，鼓勵伙伴追尋自己的目標。如何做得更有效，亞邦認為有4點前置工作更加需要做好。

1) 創造團隊氛圍

每個人的想法不同，在鼓勵推動伙伴前行時，領袖可以先做好團隊文化、氣氛，亦理解伙伴們各自的需要，甚至做好分流系統。先帶領有強烈成功意願的伙伴，創造出成功例子。亦值得以朋友平輩身份，打好關係，讓伙伴遇有困難時找自己解答。

2) 訂立由心的目標

訂立目標很重要。可是單純叫口號式的目標，無法推動伙伴前行。因此跟伙伴訂目標時，值得找出他們內心動機，使這個目標從心而發地相信，並願意達到。只有當伙伴足夠相信，足夠想達到那目標，才會排除萬能仍然前行。

3) 建立系統

不少領袖會認為要一視同仁地對待伙伴，將同等時間花在每一位成員身上。亞邦曾經亦嘗試過，發現效能不佳，亦會對一部份同事變成壓力。當他們建立起系統，例如想全心投入的同事納入 "Core Team"，配備資源、系統支持；想自由的同事，成為 "Business Team"，主要提供平台對接。分清不同伙伴的需要，業績與伙伴連結亦變得更深。

4) 等待時機

領袖需要與伙伴做好關係建立，將自己變成他們的朋友，並且等待時機指導。特別是新世代有自己的想法，要在對方想詢問意見、解決方案時，自己的經驗才能傳承下去。因此領袖需要有足夠耐性，等待伙伴詢問，效果才能更理想。

能力顯現於難關時
Collins Yuen（亞邦）

因為經歷，才能創建堅實的高峰。疫情下亞邦帶領他的團隊，培育出傑出青年推銷員、全公司MPF Top Case冠軍，亦與公司及不同團隊合作，發揮出驚人的力量，獲得理想佳績、疫情下的逆境，也許不易走，在亞邦的團隊裡，卻是展現實力的機會。

發揮實力 1+1 等如無限

曾任藥廠銷售高管的亞邦，擁有著高薪、輕鬆的工作。代理的產品是藥廠皇牌，毋須要做甚麼，醫生亦會主動下訂單。那時候每天可以自然醒，輕輕鬆鬆工作。如此令人夢寐而求的生活，卻讓亞邦找不到自己的價值所在。加上眼前藥廠行業，能夠安穩工作至退休的人實在不多，讓他思考要一份事業，管理出自己的團隊，將自我能力發揮出來，從而加入了保險業。

剛加入保險業，前輩們的教導使亞邦的基本功打得穩建，工作亦算是平穩，卻始終在團隊的帶領上未能突破瓶頸。直至他的好友 Katherine 當時在其他平台遇上挫折，兩人談及發展團隊的理想與展望，一拍即合，決定合作創立屬於自己的團隊 "AchieverPro AP"。

讓團隊在歡樂的氣氛工作，是亞邦的強項。

雙頭帶領，讓亞邦感受到合作的威力。團隊創立之初，生意、人數都有非常顯著的提升。亞邦的穩建紮根，創造氣圍，與 Katherine 的理念管理，創意無限，團隊的 2 把聲音，平衡而力量強大，相得益彰。疫情下，更支持團隊在 2022 年獲得最高生產力團隊冠軍佳績。

關關難過關關過

2020 – 2023 年，是香港人甚至世界難忘的時刻。疫情帶來了不少難題，也帶來了很多機會，視乎人能否把握。亞邦的團隊亦感到氣餒，甚至有行家

疫情下，讓團隊成員都發揮自我，獲得優良成績。

挖角等問題，為亞邦帶來不少壓力，只是想帶領伙伴成功的目標，讓亞邦為團隊創造不同可能，甚至嘗試不曾嘗試過的。

　　疫情開始之初，不少團隊暫停所有帶領工作，等待回復正常。可是當疫情經過了一個月，亞邦開始思考有甚麼可以不用見面，仍能支持伙伴，保持到團隊溫度。當時 Zoom 等線上會議工具尚未流行，他們便推行線上商學院，定期一星期兩次交流，導師每段錄音都會作停頓，讓組員都能夠同時聆聽，同期學習及分享。在疫情無助及徬徨的情況下，保持到積極正面心態，直至 Zoom 盛行。

　　訊息培訓只是一時，心態的帶領卻是榜樣。山不轉，人轉。只要有目標，

連繫公司培訓企業方案及MPF專才。

為公司拍攝短片。

沒有辦不到的事。這份有可能的心，也感染了不少伙伴願意相信疫情下，還是可以創造不一樣的成績。亞邦認為，團隊的氛圍、文化，是致勝關鍵。疫情下，也許做生意亦要花更多力氣，除了身先士卒，做好自己的生意讓伙伴看見可能外，他亦帶領團隊作出一系列設施：

一、與不同團隊合作

　　亞邦與 Katherine 共同建立團隊後，生意與人數、氣氛亦有大躍進。讓他深明合作的重要性。因此他找來理念相同的團隊，互相合作，實踐講座等培訓，經理之間互相協助帶領對方的伙伴。畢竟伙伴聽慣了自己的教導，有時亦覺得悶。所謂「隔離飯香」，從一個沒有直接利益關係的經理指導，教導更加容易接收，效果亦更好。

二、邀請公司合作

　　要突破難關，值得思考有甚麼資源與對方需要甚麼。亞邦會為公司擔任榮譽導師，發現公司一直支持同事做一般保險（GI），可是同事卻不知道如何做得到，很少關注這個部份。他

亞邦與拍檔Katherine致力訓練年輕一代，培育出傑出青年推銷員。

發現這是一個機會，若同事能以 GI 作為破窗，與客戶交流，會更容易打開理財的部份，帶來更多生意。因此他與公司培訓部商洽，從有興趣的同事著手，創立培訓小組，由公司導師教授，有經驗的經理做帶領，讓伙伴了解如何運用 GI 做好企業管理方案，協助企業得到所需。說到企業，總會想要 MPF 強積金管理，恰巧公司亦希望廣推 MPF 方案，更能成就一條龍的方案。

三、培育新明星，打造「示範單位」

團隊氛圍，是亞邦所重視的。領袖要先相信地帶領團隊看見可能，同時亦要理解始終有成員需要看見實例、成功例子才會更有信任。因此他們先培養一些願意相信的例子。例如支持隊員，成為銷售界的明日之星，獲得傑出青年推銷員，亦培訓出線上引流系統專家、全公司 MPF 冠軍等成員，當看到這些「示範單位」，同事亦會減低恐懼，願意前行。

在疫情下升職，團隊為他辦升職宴。

亞邦的策略，在疫情下看到確實結果。他看到團隊的成員，從一開始的觀望態度，到後來積極主動，業績顯著提升、士氣亦更加高昂。疫情，對於有實力的人，反而是展現的機會。疫情前的市況，受惠於國內市場，行業相對容易成功。當疫情來到，考驗的是信心、策略、堅定、信念。而這些基石打得更穩，將來走的路亦更輕鬆。

將逆境變成磨刀石，刀鋒更利，價值更高。

"

每個出現在你生命的人
　　都可以成為你的師父，
　好好去了解對方和
學習他的優點。

"

◆ 小檔案 ◆
為認可財務顧問，曾獲
3年MDRT資格（業界精
英指標），並同時為三項
鐵人教練、榮獲2006及
2018年香港培訓委員會
傑出教練獎和香港三項鐵
人總會多次傑出教練獎。

讓伙伴嘗試抗拒事物的 4 個步驟

團隊中的伙伴總有他們不想面對的事物。抗拒，源自於恐懼。習慣與孩子相處、訓練孩子的 Curtiss，將心法套用在團隊上，並獲得理想效果。

1）給予合適目標

當領袖想為伙伴設定目標時，必先了解他們的糾結點在哪，從而訂立一個較容易完成，卻需要堅持的目標。例如 Curtiss 有伙伴不敢開口，害怕與他人詳細解說保險計劃的話，會先訂下簡單目標，包括每天跟 Curtiss「談天」15 分鐘，內容是甚麼不重要，只要求這 15 分鐘內由伙伴主動帶領進入話題，讓他嘗試放鬆與人深入交談。

2）要求堅持

領袖眼中再低的目標，伙伴都會覺得困難，或會有逃避和抗拒心理。領袖這時要狠心一點，堅持要求，也許伙伴的情緒會不佳，甚或有較激動的反應。這是個必經階段，堅持請他完成下去；當他於執行目標時開始感受到樂趣，便是成功的一半。

3）成長同行

當伙伴能支撐過去，堅持練習，很大機會是他們終於發現箇中的樂趣，特別是見到自己的成長、進步，是很大的動力。此時作為領袖，即使看到有需要改善的地方，也可先避免以嚴苛態度討論問題或作負面回應；反之，讓伙伴知道你是與他同行，多給予肯定和鼓勵。

4）回饋對方

當伙伴願意主動嘗試他本身很抗拒的事情時，領袖便可以既讚賞、推動，亦從中提點有甚麼可以改善的地方，作理性分析。因為這時伙伴已經接納了挑戰，願意完成他以前抗拒的事情，可以用開放的態度檢討成績、目標等。

陪伴的耐性
Curtiss Chan 陳志豪

從事保險業 16 年的 Curtiss，運用自己曾經作為廣告公司的 Art Director、游泳教練及三項鐵人教練的經驗，讓自己在個人與團隊業績上，亦取得驕人成績。Curtiss 的獨特心法是同理心和觀察力，為保險事業帶來不同的角度。

保險事業讓 Curtiss 有時間資源，成就更多夢想，包括成為三項鐵人傑出教練。

設計師顧問

　　曾做了十多年平面設計，位至 Art Director 的 Curtiss，亦曾經開設自己的設計公司。可惜當年 SARS 年代百業蕭條全香港經濟壓力倍增，因此任何類型的工作都會接洽，失去了自己生活質素。經自己保險顧問介紹下，Curtiss 轉換跑道嘗試新的可能，為自己重新找回生活。

　　工作以外他一直有兼任游泳教練的工作，對運動及教育均有濃厚興趣，轉換到保險行業後，因為多了私人時間，他更在北京體育大學，完成了一個 5 年的教練培訓兼讀課程，提升自己實力以教導香港隊青苗以及三項鐵人選手。

　　保險、設計與運動，貌似三項風馬牛不相及的項目，在 Curtiss 手上卻能揉合體現。保險事業需要如運動一樣擁有的堅持與耐力，入行 16 年，Curtiss 堅持著一個信念：「月月有單交，做好你本份」。不論經歷任何事情，Curtiss 都堅持盡力做更好的自己，用心聆聽身邊親友們的每一個故事與需要。

保險事業與團隊帶領，都如三項鐵人需要堅持和耐性。

　　顧問需要訓練出自己的溝通技巧與同理心，有時候亦需

要一點創意，思考客戶的故事與痛點，如何運用到產品幫助客戶。Curtiss 以往的設計經驗讓他裝備好耐性與創造力。他喜歡聽取客戶的故事，思考當中有甚麼保險理財工具可以幫助客戶繪畫出他們美好的故事。

甚至他有時候會在街上看到不同的人和事，也會幻想一下這事物有怎樣的個性、這個人擁有甚麼背景，可能遇到怎樣的困難。「訓練」多了，當他遇見真正的客戶與故事，亦更得心應手。

MDRT 平衡人生管理

入行多年，Curtiss 都選擇成 為 一 個「Happy Agent」，努力工作，同時輕鬆擁有高收

Curtiss 將自己作為教練的教學經驗，融入團隊之中。

入，滿足自己的生活。直至他的上司一直想在團隊中發掘一個男性 MDRT，便鼓勵 Curtiss 挑戰自己；也受惠於公司的 MDRT 文化，Curtiss 發現這個指標，雖然不會為自己執行工作上帶來甚麼具體分別，卻能給予客戶更多信心。公司對 MDRT 的支持也讓員工工作起來更有效率，例如於獲得 MDRT 資格，可享更多設施，或特設專線方便客戶獲得更全面服務，這也間接鼓勵員工努力直跑，爭取好成績。

在努力的過程中，Curtiss 更體現到上司與公司常提及的「平衡文化」。要成為 MDRT，也是這行業頂尖 5% 顧問才能得到的資格，其實在事業、理想、專業、時間上都需要有一定平衡，讓自己獲得理想的收入，同時有更多資源可以陪伴家人。這份信念，使得 Curtiss 願意努力爭取，帶領團隊作出新嘗試。

疫情下的團隊管理

2020 年，香港面對世紀疫症，帶來了不少艱難時刻。Curtiss 毋忘當時政府禁止午市、晚市食肆堂食，剛巧實施措施的那一天下著傾盆大雨，很多打工仔只能拿著飯盒在狹小的避雨處吃飯的情景。保險業面對的環境與艱難，也不比這個畫面帶來的震撼小。

當時身邊不少朋友擔心自己失去工作，也怕疫症影響健康。作為顧問，本身需要經常出入醫院，可是那段時間連親人也無法探病，他更無法親身探訪了解客戶的狀況，只能以電話或視訊送上慰問及處理理賠。感恩 Curtiss 習慣三項鐵人的訓練，知道艱難的時刻，堅持下去便是機會。「相信是起點，堅持是終點」，是他經常和運動員說的話，也套用到自己的工作之上。

無論他個人還是團隊，接納了無法改變的事實後，便思考有甚麼可以去做。他們能夠做的，包括主動關懷身邊的伙伴、客戶、朋友。當時他提議團隊嘗試拍片，以通訊設備（Whatsapp）分享他們的看法，讓客戶了解有甚

家人也是Curtiss奮鬥的動力。

堅持自己的價值觀,讓Curtiss 在保險路上有亮麗成績。

麼可以預備,當客戶有需要,則使用Zoom 等線上系統作產品解說。

疫情當中,Curtiss 仍然能保持月月有單簽的記錄,亦帶領團隊保持良好心態,做好自己。他形容,在運動比賽中,很多時運動員不是跟他人比賽,而是跟自己比賽,追求 PB(Personal Best)個人最佳紀錄。疫情就如在比賽中,遇上大雨風吹,堅持前進,做好自己,便是對自己最好的交待。

陪伴成長

教育伙伴,與教育孩子一樣,需要耐性與陪伴。

在疫情中建立自己的團隊時,Curtiss 便花更多時間陪伴與協助伙伴克服困難。疫情下有了更多時間空間,讓他能陪伴伙伴成長。如同 Curtiss 是游泳教練,也經常會接觸到有特殊學習需要(SEN)學童,發現教導孩子的方式,與陪伴伙伴的方法都很相似,同樣需要耐性與時間。

他舉例試過陪伴一位過度活躍的孩子,了解他需要更加專注。於是便在遊樂場中,邀請讓孩子完成十次同一個小遊戲,完成後才可以進入下一個活動。最初孩子對新事物由吸引到厭倦,由放棄到耐心了解,關鍵在每一步的陪伴和鼓勵。Curtiss 的堅持陪伴,使孩子漸漸地掌握到當中的技巧和樂趣,從而帶領孩子觀察更多,在同一遊戲中發掘更多可能性。伙伴雖不是孩子,但同樣有他們的難題。除了給予指示,溫柔的陪伴與支援,讓兩者建立起信任,當中學到的是永遠受用。

不卑不亢，當仁不讓。

◆ 小檔案 ◆
加入理財行業接近30
年，擁有桑德蘭大學教
練認證專業，理財策劃
執行師（FChFP）、新加
坡IIPDA大腦皮紋分析
師等專業資格，屢次獲
得MDRT資格（業界精
英指標），並獲2020年區
域經理大獎等不同獎項。

4 條魔法問題，拉近團隊及客戶的距離

領袖需要帶領伙伴前行，亦需要面對伙伴的迷惘與逆境。擁有教練資格的 Candy，分享出 4 條魔法問題，協助領袖支持伙伴，甚至對客戶亦適用。

1) 若你能回到 10 年前，你會為現在的你做甚麼準備？

這條問題能引發思考此刻的我們有甚麼需要，換了一個角度思考與反省，了解還可以為自己做甚麼。人總會後悔，為了不後悔，我們又願意做甚麼準備？

2) 你認為 10 年後的你會是怎樣的人？

承接上一條，思考 10 年前我們渴望有怎樣的準備，讓今天的我們變成更好的自己。同樣當我們可以想像 10 年後會如何，這個「你」又是否自己想要？為了成為想要的自己，又作出怎樣的行動與準備？

3) 覺得這（難題）是份怎樣的禮物？

難題是上天給我們的禮物。當身邊的人陷入難關時，這條問題可以帶動對方思考當中的正面訊息，有更大的動力學習與走過難關。他亦會感謝你這個出奇不意的角度。

4) 若你是他（你重視的人），看到現在難過的你，你想對他說甚麼？

人固然有情緒，也會失落。與其叫對方不要哭、不要難過，不如讓他想想，對他來說重要的人（例如父母、親人、另一半、孩子等），看到那樣的自己，有甚麼想對他說？既能讓對方有安慰，亦能給予他力量，知道世上有人所重視。

施展如魚得水的魔法
Candy Ng 吳秀如

面對不同的難題、逆境，學習是個好途徑讓自己得以提升。可是當學得夠多時，Candy 告訴你不單是要學習，更是要將所學過的融會貫通。疫情下 Candy 失去了 1/3 的團隊，一些關係始終到了盡頭。她卻綜合起她的教練、人生規劃、皮紋分析等興趣，創辦了「C 小如」品牌，為客戶提供不止財務，而是人生全面的諮詢。

人生顧問C小如

學習，對 Candy 來説是興趣，有趣又能助人的活動，她總會常參與。入職保險業近 30 年的她，除了專業、有關理財的課程外，亦會學習更多「看似」與保險無關的課程，例如教練學、NLP（身心語言程式學）、皮紋分析、插花、網球等。

疫情下Candy 創立了 C小如品牌，為客戶作人生顧問。

2020 年 Covid-19 疫情來襲，對保險行業確實是個打擊，Candy 的團隊因為封關等種種因素，損失了近 1/3 的團隊，對於一位團隊領袖而言是種打擊。幸好身處行業已久，曾學習的學問讓 Candy 轉換了另一個角度看待事情。她坦言，疫情前她會認為「所有關係都會有個盡頭。」某些關係失去了，我們無法改變。卻可以為這個盡頭，多加一個想法：「所有關係的確都有個限期，同時也是另一個關係的開始。」

要改變想法不容易，失去了就是失去，總不能説這些關係會回來，那是自欺欺人。可是加上了多一個説話，換了一個角度，一切便不一樣。失去了

Candy很重視團隊，保持亦師亦友關係。

某些成員，需要重新建立，Candy 對於她的團隊，以及更多同行者，開展出新關係。

例如在疫情下，她與不少沒有關係，卻有共同目標的其他團隊組成「Super marvel」聯盟，互相支持、分享、合力舉辦不同活動，讓自己變得更加專業，給予團隊更多支援。

另一方面，她重拾了往時所學習的，例如教練學、皮紋分析，亦因著公司的 MDRT 文化，提醒了她人生是整合平衡的。在疫情下，她更加強要對客戶的「人生規劃」，搖身一變成為人生顧問：透過皮紋分析了解客戶與孩子的性格特質；將自己教育孩子的經驗分享，讓更多親子關係變好，為客戶做好退休與財務方面的規劃。

Candy 在疫情期間，創辦了 C 小如品牌，渴望對客戶在財務、家庭（夫妻）關係、子女教育、健康、事業與個人成長下都得到平衡且充份的發展。

透過不同的教練圖卡小工具，快速拉近距離。

吸引有心的伙伴與客戶

成為人生顧問的契機，源自於她入行幾年後，她跟隨的恩師想專注夢想而離開職場。Candy 覺得頓時失去了依靠，當時的她入行只為了有更好的生活、更自由的時間。當生活好一點後，便為了供樓而努力，未有談及甚麼理想，只看到彷徨。

就在人生交叉點時，她問自己想不想繼續做下去？她意會到若想改變，需要有不同結果，也必須採取不同的行動。當時她聘請了新興的「商業教練」，教練不會給予她任何答案，卻會不斷讓她思考出路，讓她自己訂立目標，並支持她達成目標。

重拾插花的興趣，並融入於生活中。

當時的教練讓她找到更多行動、更多結果的方法，並支持了她取得 MDRT 資格。也讓她打開了

Candy 與兒子如朋友一樣，並將經驗帶給更多家庭。

學習教練學、皮紋分析等學問的契機。Candy 將學習揉合到見客與團隊帶領之上。她認為無論客戶或團隊，都應該是互相支持、伙伴同行的平面關係，而不是上下架構。對她而言，她作為經理，管理團隊是需要，關係要來有深度，需要與成員亦師亦友地前行。

客戶亦一樣，除了理財規劃外，她更喜歡用不同的小工具，協助客戶思考。例如在疫情下，她運用不同的教練圖卡，能夠讓人在短時間有新的思考、新的角度。客戶在與她溝通的過程得益，總會主動約她再見面，希望她能啟發自己更多，慢慢的打開成為人生顧問之門。亦因為有質素的溝通，讓 Candy 吸引到更多有質素、想成功的有心人成為客戶和伙伴，彼此共同成長。

再困難的事都有它的美意

我們無法阻止逆境，卻能從中找到難題中的價值。Candy 相信萬事都有

它美意，正如她是個喜歡到處外出，與人溝通的人。在疫情中她亦「中招」了，感染了 Covid-19，需要足不出戶十多天。這段時間看似很難過，無法外出只能屈在小小房間裡。

這時她思考染病當中會有甚麼美意，她發現當自己一人困在房間裡，時間變多了，她可以做自己以前想做卻未有空間做的事：閱讀和瘦身。以往太多其他事情搶走了她的焦點，是時候她可以專注一點。即使病毒使她不適，她卻在這段時間，看了很多以往不曾看的書，感受到閱讀的樂趣，也堅持瘦身，減下了好幾公斤。

面對不同的難關與逆境，除了改變思維、學習與活用知識，以及一班支持她的人外。Candy 更認為是「以前的自己」幫助她甚多。這段時間她看回

以前寫的日記，發現以前自己甚麼都沒有，依然能夠撐過去，快樂地過活，有衝勁解決任何困難。反而現在的自己擁有甚多，又有甚麼過不了？ Candy 看到日記除了記錄當時的心境，曾經發生的事外，亦能提醒將來的自己曾經的初心、快樂與得著，讓她重拾寫日記的習慣，也鼓勵他人多寫日記。

值得建立寫日記習慣，能讓自己記起初心。

往日的自己，快樂而有衝勁。為了找回往日的自己，Candy 活用了學到的「心錨」——找一樣快速回到當時狀態的物品。她想到以前很喜歡用一種香水，當噴上那香水，嗅到那種氣味，人彷彿回到當年，立即有了拼勁。

面對難關，我們也能遇到好人好事，相信自己能夠遇到好人好事，那些人和事便會出現，並一直能幫助自己。同樣，如 Candy 一樣，成為他人的好人好事，自然能將「好運」延續下去。

匯聚光芒，燃點夢想！

《疫戰商贏 3 ～ 35 位保險人的疫戰傳奇》

系　　　列：創富系列

作　　　者：陳糖

出 版 人：Raymond

責任編輯：林日風、Candy

封面設計：Kris K

內文設計：Kris K

出　　　版：火柴頭工作室有限公司 Match Media Ltd.

電　　　郵：info＠matchmediahk.com

發　　　行：泛華發行代理有限公司

　　　　　　九龍將軍澳工業邨駿昌街 7 號 2 樓

承　　　印：新藝域印刷製作有限公司

　　　　　　香港柴灣吉勝街 45 號勝景工業大廈 4 字樓 A 室

出版日期：2023 年 7 月初版

定　　　價：HK$158

國際書號：978-988-76941-9-9

建議上架：工商管理